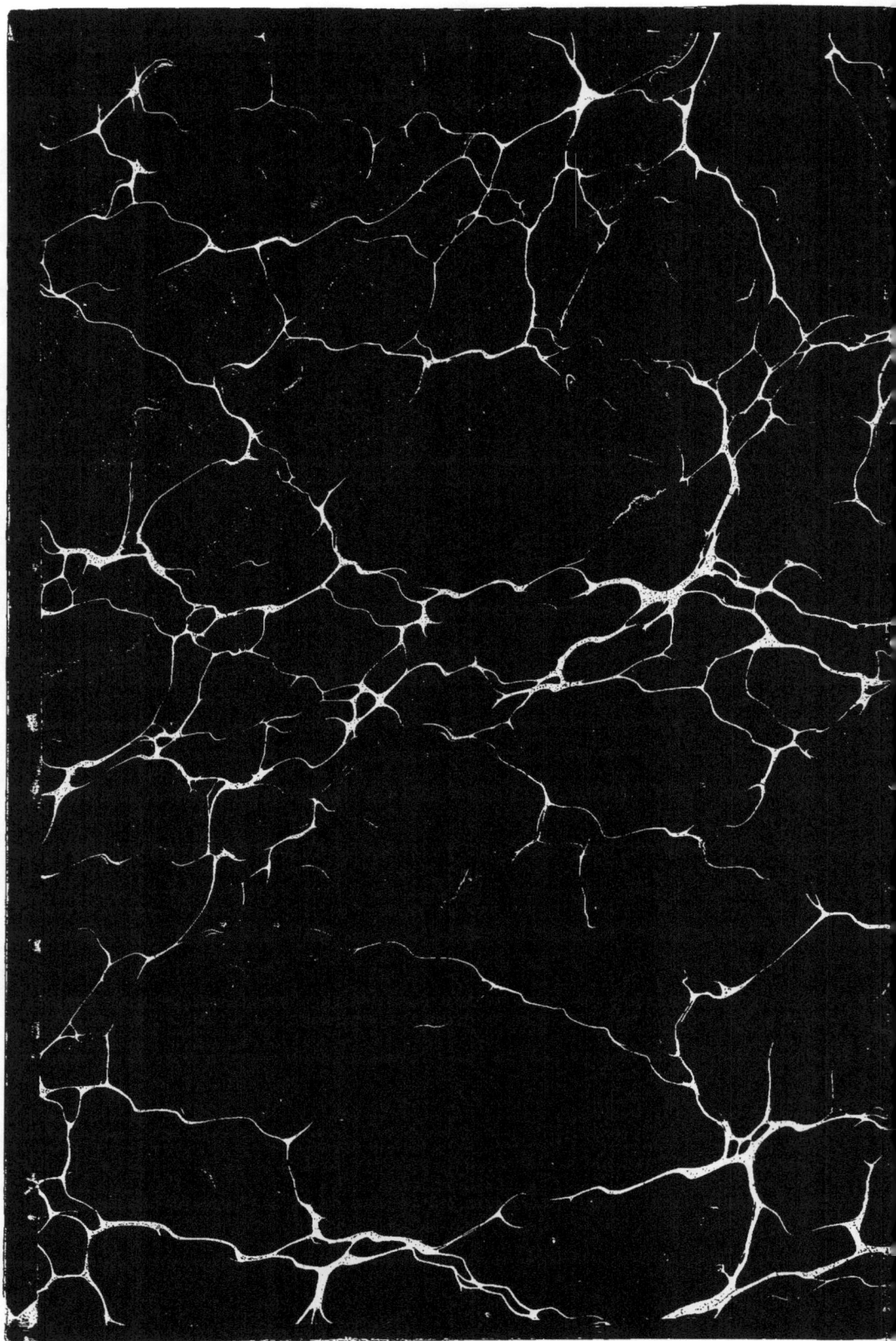

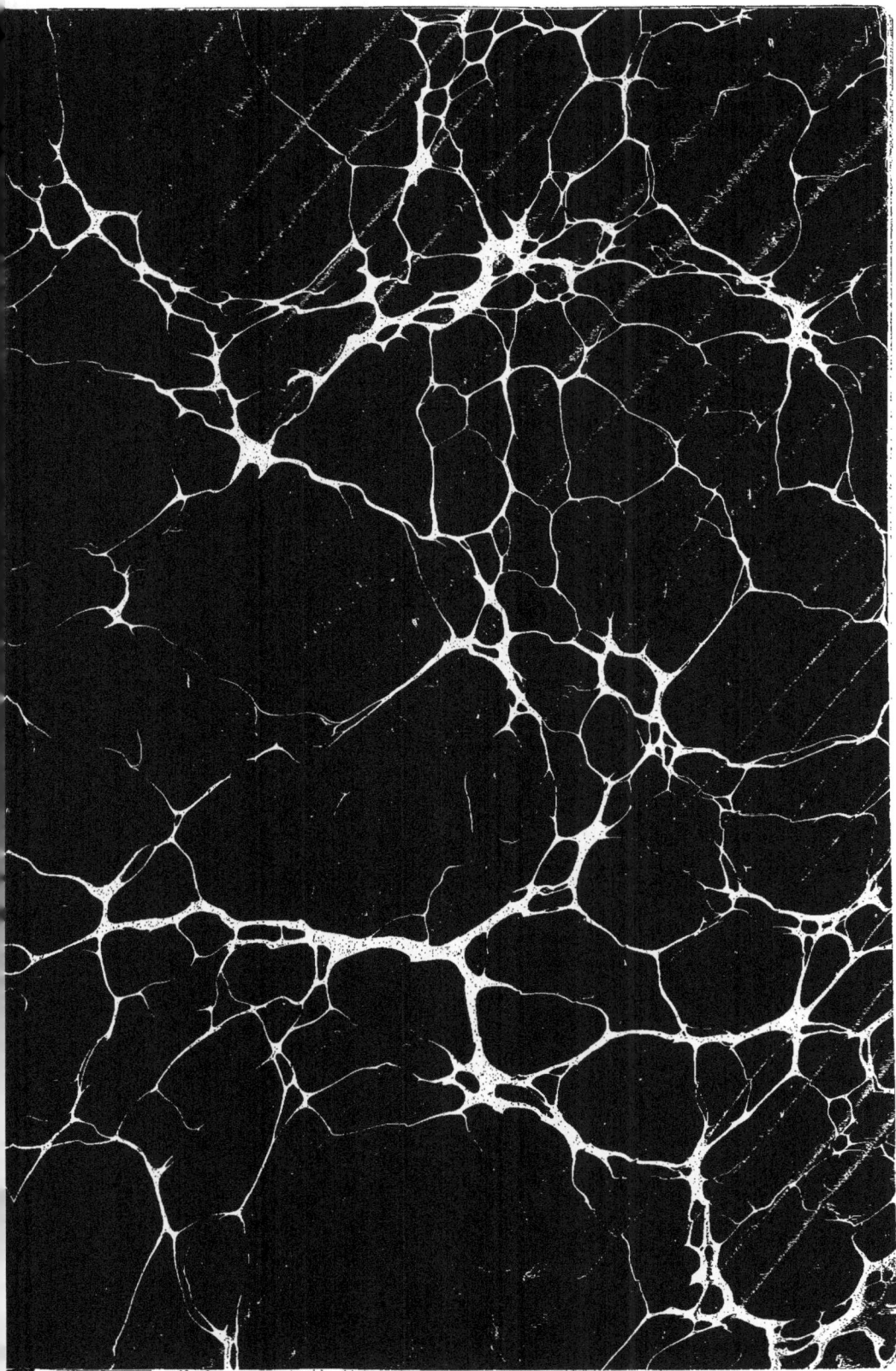

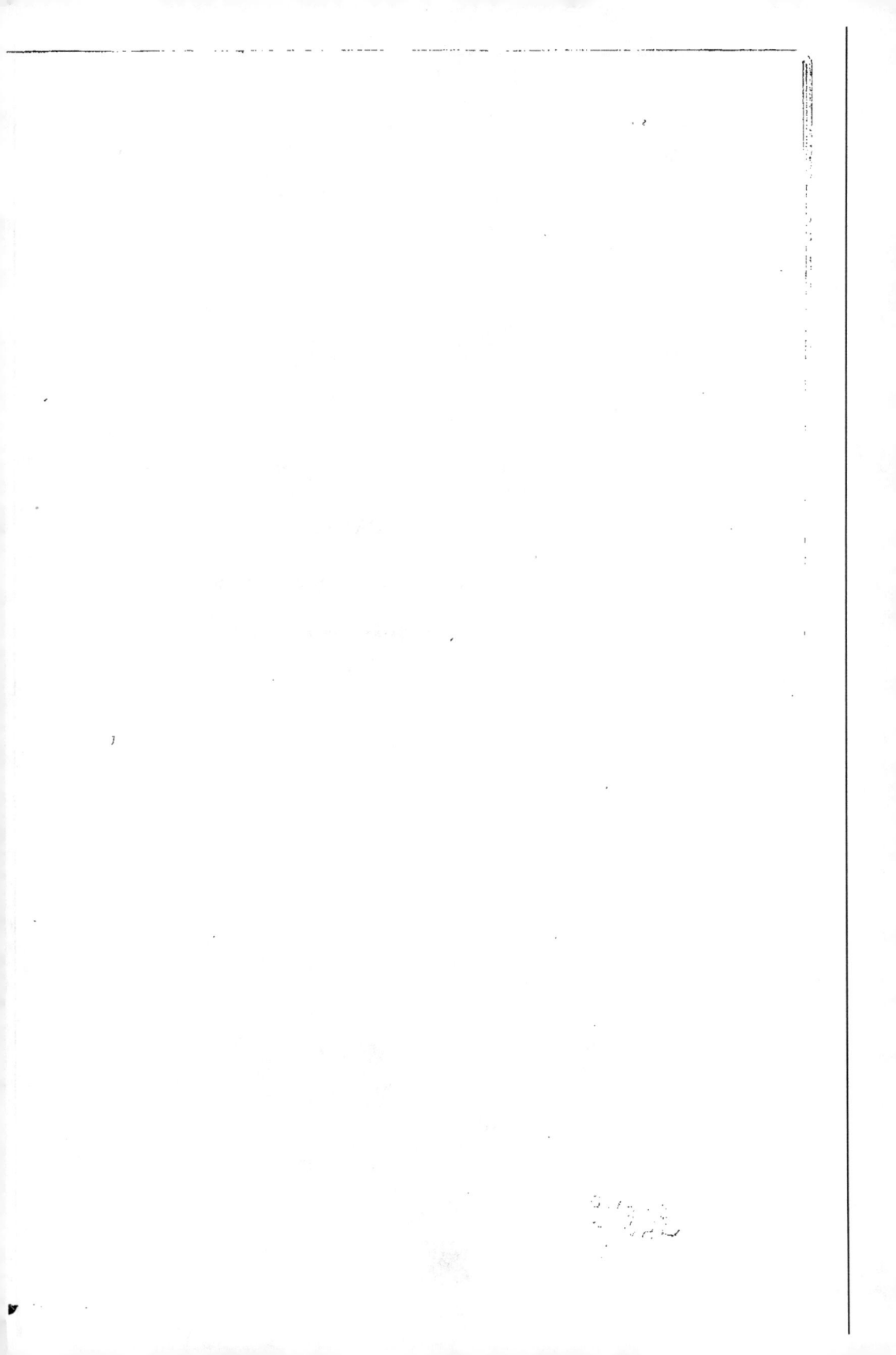

PARIS

IMPRIMERIE D JOUAUST

Rue Saint-Honoré, 338.

# A PROPOS DE CHASSES

TIRÉ A 250 EXEMPLAIRES

SUR PAPIER VERGÉ DE HOLLANDE

Tony Favre
1871

ACHILLE FOUQUIER

# A PROPOS DE CHASSES

## A L'ISARD, A L'OURS

ET

## AU SANGLIER

PARIS

Vᵛᵉ A. MOREL ET Cⁱᵉ, ÉDITEURS

13, RUE BONAPARTE, 13

M DCCC LXXII

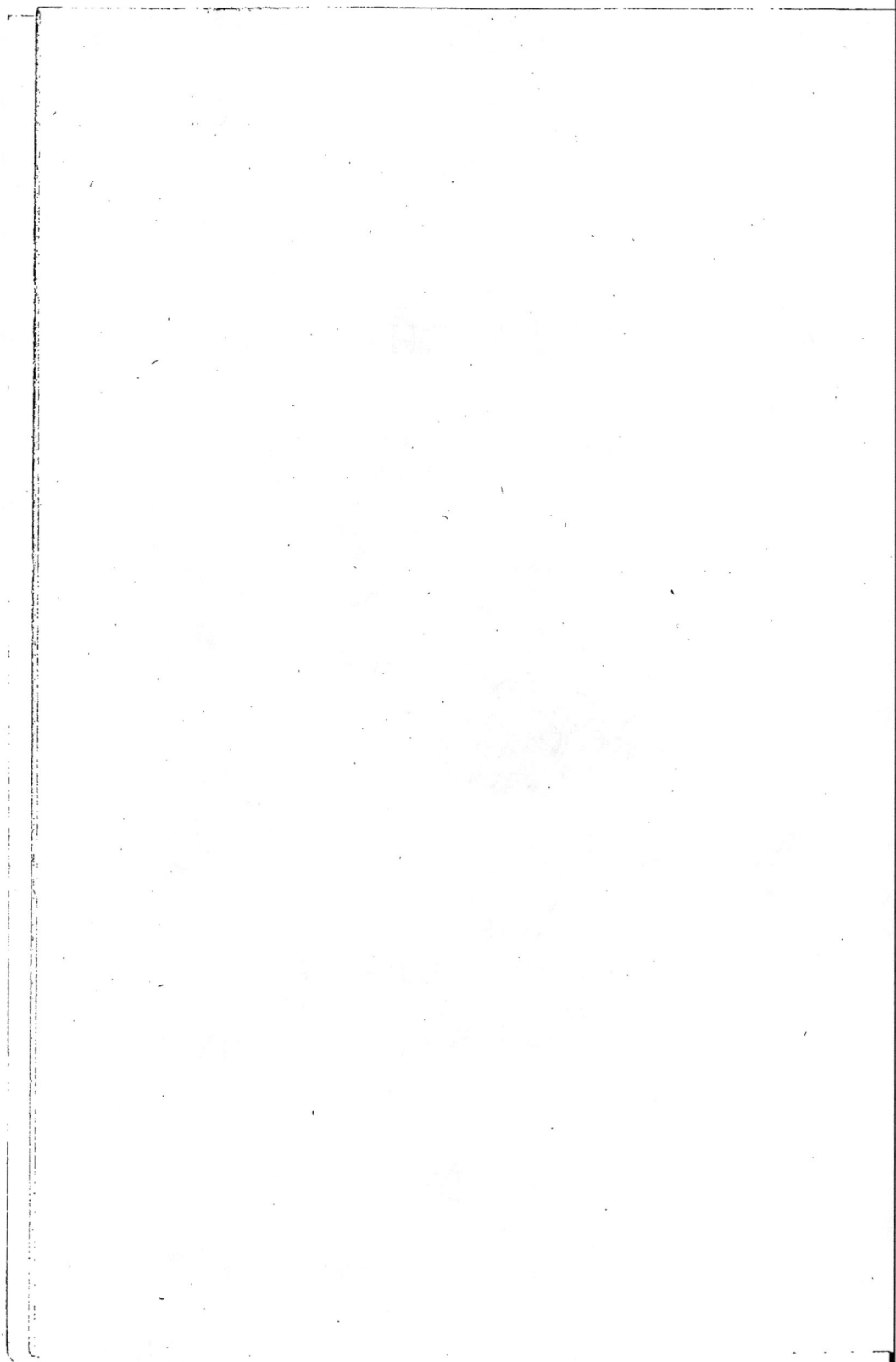

# A EUGÈNE DARRALDE

*Mon cher Eugène,*

Sans votre initiative, votre entrain, vos soins persévérants, je n'aurais pas connu les joies saines et viriles que j'ai goûtées à la montagne. Vous avez été l'âme des chasses dont j'ai cherché à retracer les traits principaux. J'aime à vous rendre cet hommage et à vous associer ainsi à la nouvelle aventure que je vais courir. J'espère profiter encore, comme dans tant d'autres occasions, de la bonne chance qui n'a cessé de m'accompagner quand je me suis trouvé avec vous.

# A PROPOS DE CHASSES

## 1864

VERS le milieu de l'été, en 1839, je gravissais, aux premières lueurs de l'aube, la cime escarpée du Canigou. Je voulais, du haut de cette montagne élevée de 3,000 mètres environ, située à peu de distance de Perpignan, assister au lever du soleil. J'avais pour guide un berger catalan, armé, à tout événement, d'un de ces vieux et longs fu-

1

sils de paysan qui tuent du gibier jusqu'au jour où ils éclatent dans les mains de celui qui les porte.

Dans toute l'énergie de la première jeunesse, sans souci du lendemain, j'errais au gré de mes caprices, au milieu de cette gigantesque nature, dans ces âpres régions où l'on ne voit plus ni arbres ni broussailles. Un chaos de montagnes et de pics neigeux s'étendait dans la direction de la chaîne des Pyrénées, tandis que du côté opposé, vers la plaine, le Roussillon, avec ses villes et ses villages, dormait encore à mes pieds, prêt à s'éveiller au moment où le soleil émergerait du sein des flots qui baignent ses rivages.

Le calme et le silence de la nature, la grandeur du tableau qui se déroulait devant moi pour la première fois, ce guide de hasard au visage inculte dont j'ignorais le passé et que désormais je ne devais plus revoir, tout concourait à dilater mon cœur, à exalter mes sensations : j'éprouvais un de ces plaisirs que les mots ne peuvent exprimer, qui sont d'autant plus vifs qu'ils n'ont jamais laissé d'amertume, car ils sont purs comme l'air qu'on respire.

Mon compagnon, blasé depuis longtemps sur la majesté du panorama que j'admirais, qui sans doute même ne l'avait jamais vu qu'avec indifférence, était dominé par de tout autres idées que les miennes. Parfois, caché en partie derrière un bloc de granit, le cou tendu, il parcourait attentivement du regard les pics et les ravins. Par instinct d'imitation, je faisais à peu près comme lui, sans trop comprendre ce qu'il cherchait ainsi. Peut-être, chemin faisant, avait-il voulu me l'expliquer, mais je ne comprenais pas un mot de son patois catalan. Tout à coup il me prend le bras, se replie sur lui-même, et, de cette voix sans vibration, particulière aux chasseurs, et sans doute aux voleurs, il me dit : « Chèvres sauvages », et d'un geste lent il m'indique dans quelle direction il venait d'apercevoir le gibier. J'avais, en effet, devant les yeux sept à huit isards qui ne semblaient nullement se douter de notre présence. Il rampa contre terre comme un serpent pour s'en approcher, mais, bientôt éventé par ces vigilants animaux, toute la bande prit la fuite en bondissant au milieu des pierres et des rochers. Les isards disparurent ; ils n'avaient animé que quelques instants cette nature désolée où bien des fois je les ai revus par la pensée.

Quand devant moi l'on parlait d'eux dans les autres parties des Pyrénées que je visitais, ils me semblaient si sauvages et en si petit nombre, les régions où ils se tiennent si difficiles d'accès, que l'idée de les chasser ne m'était jamais venue.

Aux tables d'hôte de Bagnères-de-Luchon, de Barèges ou des Eaux-Bonnes, annonçait-on un ragoût d'isard, incrédule comme certains citadins, je ne voyais, dans la sauce noirâtre qui accompagnait une viande d'une saveur particulière, qu'une habileté du cuisinier et qu'une réclame du maître d'hôtel cherchant à flatter la manie des voyageurs qui désirent goûter à des mets extraordinaires.

Je ne connaissais pas alors ces intrépides chasseurs qui mesurent de l'œil le plus indifférent les précipices les plus formidables, qui montent et descendent avec une aisance sans pareille des pentes abruptes, cheminent sans la moindre émotion sur des corniches verticales à des centaines de pieds de hauteur. Tout est plaine pour eux dans ces solitudes qui da-

tent des époques lointaines où la nature en con-
vulsion prenait les puissants reliefs qui frappent
d'admiration et presque de stupeur ceux dont
les yeux n'y sont pas accoutumés depuis l'enfance.

Je devais cependant un jour admirer leur
adresse et leur sang-froid, la vigueur de leurs
muscles et la puissance de leurs poumons, constater enfin que les isards ne sont pas passés à
l'état de mythes, et qu'il en existe encore des
bandes nombreuses, bien que chaque année
leurs rangs soient décimés par les balles des
chasseurs.

Vingt-cinq ans après mon ascension au Canigou, en 1864, Eugène Darralde, un de mes
amis, me proposa d'aller chasser l'isard sur le
versant méridional des Pyrénées, dans les montagnes d'Aragon. Il me dit avoir déjà exploré le
pays, s'être assuré de la présence du gibier;
il ajouta que toutes les mesures étaient prises
pour nous permettre de rester pendant plusieurs jours sur le terrain de chasse même; il
me cita le nom des personnes qui faisaient partie de l'expédition; j'en connaissais quelques-
unes, et il n'eut pas de peine à m'entraîner

dans une partie qui rentrait entièrement dans mes goûts.

Au lieu d'effleurer du pied, ainsi que je l'avais fait jusqu'alors, la cime orgueilleuse des hautes montagnes qui de loin semblent défier l'approche des hommes, j'allais séjourner dans ces régions sauvages, en prendre en quelque sorte possession, et réaliser une idée qui m'avait souvent traversé l'esprit comme un rêve. La chasse n'était pour moi qu'un prétexte, car si je l'aime un peu, c'est surtout à cause de l'exercice parfois violent qu'elle oblige à prendre. La nature m'a refusé quelques-unes des qualités indispensables pour mériter le titre de chasseur : je manque de patience et mon tir est incertain. Une fois lancé cependant, à l'odeur de la poudre, à la vue du gibier, je ne sais plus maîtriser cette vive surexcitation, connue de tous les dévots à saint Hubert.

Je partis donc, muni d'un bon fusil double, d'une carabine simple, d'une mince valise, sans trop savoir où j'allais, et doutant même un peu de la réalité des bandes d'isards que l'on avait fait évoluer devant moi dans des récits enthousiastes. J'arrivai ainsi à Pau, lieu du rendez-vous général, où bientôt tous ceux qui composaient l'expédition se trouvèrent réunis.

Eugène Darralde, le grand organisateur, qui pousse jusqu'à la passion le goût de la chasse; notre préfet, M. d'Auribeau, plus calme, plus froid en apparence, mais, dans le fond, non moins ardent, et réunissant, par conséquent, plus de chances de succès; un Américain, Post, qui nous a souvent entretenus de ses succès contre les monstres qui peuplent encore les forêts vierges du nouveau monde, un marcheur intrépide et un jarret d'acier; Manescau, qui a eu de beaux succès sur le menu gibier de la plaine, chasseur un peu sur ses fins, mais encore une brillante fourchette; le jeune Durand, son intime, son élève, son fils, comme il l'appelle, à qui revient le mérite d'avoir découvert et indiqué le lieu de la chasse; un apprenti diplomate dont j'ai à peu près oublié le nom, qui ne fit du reste qu'une simple apparition, s'étant laissé entraîner parmi nous sans trop savoir pourquoi; Coïg O'Donnel, un brave et aimable Espagnol, que la mort a moissonné dans la fleur de sa jeunesse; puis votre serviteur, que la manie du mouvement a fait errer dans bien des parties de notre globe : telle était la petite phalange qui, cette année-là, se rendait joyeusement à la montagne.

Nous nous installâmes avec nos effets dans une bonne diligence affectée à notre service particulier, et nous partîmes de Pau à l'entrée de la nuit, avec l'espoir d'arriver à Urdos avant le jour.

On était plein d'entrain, de gaieté, de bonne humeur ; on était frais, dispos, et l'on rêvait les plus brillants exploits. Tout alla pour le mieux jusqu'à Oloron ; la route impériale est large et bien entretenue, on n'avait qu'à se laisser entraîner par de vigoureux chevaux ; mais au delà de cette ville on entre dans une vallée qui se resserre à mesure qu'elle pénètre de plus en plus dans le cœur de la montagne. Le Gave, qui parfois ne s'est frayé qu'avec peine un étroit passage, gronde et bondit sur son lit de pierres ; de nombreux ruisseaux débouchant de ravins profonds viennent se joindre à lui. Tous les obstacles naturels se réunissent donc pour rendre, dans de pareils lieux, le tracé d'une route fort difficile, et celle que l'on suit laisse beaucoup à désirer. Malgré l'habileté de nos ingénieurs, elle a souvent des courbes brusques, des pentes rapides, des ponts étroits. Ici, entre le torrent qu'on domine à pic et de grands rochers verticaux, il n'y a que juste la place de la chaussée; là les maisons d'un pauvre village sont tellement rapprochées que la bâche rebondie de notre diligence semble devoir les frôler en passant.

Aux relais de poste on n'attelait que des rosses maigres, étiques, trop faibles pour traîner notre lourde machine. Les postillons étaient peu expérimentés, et bien des fois nous fûmes arrêtés dans notre marche pendant ce nocturne voyage. Un moment les chevaux refusaient d'avancer : trouvant leur tâche trop pénible, ils se retournaient même du côté de leur écurie, où ils voulaient rentrer au plus tôt; là, au moins, si le râtelier était mal garni, ils pouvaient dormir tranquillement. Ils choisissaient souvent des endroits dangereux pour protester à leur façon contre le surcroît de travail que l'on exigeait d'eux. Ces évolutions n'avaient rien de rassurant, et les périls de la situation, grossis peut-être encore par l'imagination, amenaient de la part de ceux qui ne dormaient pas de violentes explosions de mécontentement. Ils s'en prenaient à la nuit obscure, aux lanternes qui s'éteignaient, à la mécanique qui ne serrait pas assez, à la route, aux chevaux, au maître de poste et surtout au postillon, auquel ils prodiguaient les épithètes les plus énergiques et les moins aimables. On jurait de ne plus refaire, dans de semblables conditions, un pareil voyage. Le bruit était tel qu'il arrachait au sommeil ceux que la fatigue avait vaincus, et qui comptaient, dans cette circonstance, sur leur bonne chance habituelle.

Il est curieux d'observer combien sont différents, sur chaque organisation, les effets produits par les mêmes causes. Malgré tant de péripéties nous arrivâmes sains et saufs, avant le jour, au village d'Urdos. Nous n'avions fait qu'entrevoir le fort de ce nom, un Gibraltar au petit pied; creusé dans une roche verticale, il commande au loin le chemin dans toutes les directions; les meurtrières et les embrasures des canons, prêts au besoin à vomir la mort, sont d'un sinistre effet au milieu de cette nature abrupte, sévère et grandiose.

A peine étions-nous descendus devant l'hôtel

de Vidalet qu'on s'occupa de charger sur des bêtes de somme tous nos effets de campement, puis nous montâmes à cheval.

Urdos est à près de 700 mètres au-dessus du niveau de la mer. C'est le dernier village de France du côté de cette frontière. Les hivers y sont longs et froids. Situé au fond d'un vaste entonnoir formé de hautes montagnes, son aspect est triste. Les gendarmes et les douaniers, qui composent en grande partie sa population, se promènent en maîtres dans son unique rue, qu'ils sont loin d'animer ou d'embellir.

Durant certains jours, cependant, on y voit défiler de nombreux convois de jeunes mules, des troupeaux de moutons et de porcs, des files de mulets chargés de marchandises, et des Aragonais dans leur costume pittoresque, car Urdos est le débouché d'un chemin passant au pied du pic d'Aspe, qui sert de communication entre la France et la province d'Aragon; il a même été fait, il y a quelques années, par l'ingénieur, M. Boura, des études sérieuses pour l'établissement d'un chemin de fer qui aurait relié Saragosse avec le Béarn.

Mais il s'agissait bien pour nous de chemins
de fer! Après être passée près des forges d'Abel,
dont les fourneaux sont éteints depuis longtemps, notre caravane s'engagea dans le bois
d'Anglus. Les pentes rapides du sentier qui
serpentait sur les flancs de la montagne étaient
pénibles à gravir pour nos chevaux, et la fraîcheur du matin, en condensant les deux longs
jets de vapeurs qu'ils lançaient par leurs na-
seaux, rendait visible, en quelque sorte, l'é-
nergie de leurs efforts.

Après une bonne heure d'une pareille ascension nous atteignions un petit plateau au milieu de la forêt; nous y faisions halte pour laisser souffler les bêtes et reposer les gens qui
nous accompagnaient, tous plus ou moins chargés d'armes et d'effets de campement.

Non loin de nous un beau bouquet de sapins
couronnait un rocher en forme de pyramide
qui recevait les premiers rayons du soleil le-
vant. Un grand nuage floconneux et grisâtre
couvrait le fond de la vallée que nous venions
de quitter, tandis que, dans une autre direction, la vue plongeait au fond de la vallée
d'Aigue-Torte, le pays des terres rouges, où

paissaient des troupeaux de chevaux, rendus si petits par la distance qu'on les distinguait à peine. Puis, au-dessus de nos têtes, se dressaient encore de grands rochers et de vieux arbres que nous allions bientôt dominer.

Dans cette portion des Pyrénées, les sapins poussent entre 800 et 1,400 mètres au-dessus de la mer. C'est dans ces limites qu'ils trouvent les conditions atmosphériques qui leur conviennent. Ils recouvrent alors les flancs des montagnes, préférant surtout les versants exposés au nord. Parfois ils s'étendent sur de grands plateaux et forment de vastes forêts. Ils sont habituellement mélangés aux hêtres, qui, comme eux, atteignent les régions les plus élevées de la végétation arborescente ; au delà, on ne voit plus que des plantes dont les fleurs ont souvent un éclat extraordinaire. C'est là que s'épanouissent, dans les anfractuosités de rochers abrupts, les saxifrages, cette jolie plante, une des plus belles de la flore du Spitzberg et des terres polaires.

Pendant quelques mois d'été seulement les moutons broutent l'herbe rare, mais succulente, qui pousse au milieu des pierres, ou sur des pentes rapides. Chaque matin on les voit se diriger en longues files, à la suite les uns des autres, vers les parages où ils passeront le jour sous la garde des bergers et des chiens. Tandis qu'ils parcourent les cimes que ne recouvrent pas les neiges éternelles, des bœufs et des chevaux se répandent en toute liberté dans les parties les plus accessibles et les plus riches de ces pâturages élevés.

Nous en vîmes de grands troupeaux aux approches du lac d'Estaetz, perdu au milieu des montagnes à 1,600 mètres d'altitude. Vers le sud il est dominé par de puissantes assises de calcaire, qui, tout infranchissables qu'elles paraissent, laissent encore, au milieu de fissures naturelles, des passages à peu près praticables.

Nous venions de quitter les bords du lac que nous laissions sur notre droite, nous entrions en Espagne, quand nous fûmes rejoints et salués par une douzaine de carabineros, tous Aragonais, vêtus de leur costume national : ils portaient le mouchoir traditionnel enroulé autour de la tête, la veste courte, une large ceinture violette, une culotte serrée, et pour chaussures des espadrilles. Leur chef, grand et

vigoureux gaillard, avait reçu de Madrid l'ordre de se porter à notre rencontre. Dans le petit
discours qu'il adressa au seigneur gobernador
d'Auribeau, et dont celui-ci ne comprit pas un
mot, il lui faisait, avec beaucoup de conve-
nance, ses compliments de bienvenue et ses
offres de services. Darralde fut chargé de lui
répondre. Il a eu si souvent à Biarritz l'occasion
de dire aux jeunes Espagnoles qu'elles avaient
de beaux yeux, qu'il a fini par parler assez élé-
gamment la langue du Cid.

Cette rencontre inattendue, au milieu de ces
lieux sauvages, fut d'un effet si pittoresque qu'elle
nous charma tous. Nos nouveaux amis, la carabine sur l'épaule, se joignirent à notre petite
troupe et nous firent escorte.

Nous abordâmes alors un des plus mauvais
sentiers que je connaisse dans ces montagnes,
où il y en a de si détestables. J'avais mis pied à
terre, ainsi que plusieurs de mes compagnons ;
mais Darralde et Manescau s'étaient obstinés à
rester en selle : leur imprudence me fit plus
d'une fois frémir pour eux. Leurs pauvres chevaux glissaient à chaque pas sur la roche polie
où ils ne pouvaient prendre pied. Une chute

sur les pointes aiguës des calcaires qui bordaient le chemin eût eu les plus funestes conséquences; mais, grâce à des prodiges d'adresse et d'équilibre, ils s'en tirèrent sans accident. Quelques bêtes de charge s'affaissèrent sous le poids des bagages qu'elles portaient et ne furent relevées qu'avec peine.

Il ne nous restait plus à franchir qu'une dernière rampe tracée dans un bon terrain, et nous arrivâmes enfin dans une plaine verdoyante, véritable oasis au milieu de cet âpre désert. Le petit ruisseau qui la traverse est alimenté par la fonte des neiges, qui s'étendent en larges taches aux pieds de rochers à pic formant de tous côtés des murailles gigantesques. Les Espagnols appellent cet endroit la Pradera d'Olibon Viejo, et les Français Bernère. C'était là que nous devions camper.

Pendant de longues années les pasteurs des deux pays se sont disputé la jouissance de ce pâturage et de ceux qui l'avoisinent; souvent même il en est résulté des luttes sanglantes, car les droits des deux partis étaient mal définis; de part et d'autre on les maintenait à coups de fusil quand les coups de bâton ne suffisaient pas. Ces discussions séculaires, ainsi que bien d'autres, ont été tranchées dans ces derniers temps par une commission, dite de délimitation, composée de militaires et de diplomates, tant Français qu'Espagnols, qui a procédé, dans ces difficiles opérations, avec toute la lenteur qu'on apporte habituellement dans de semblables affaires.

La place où nous devions dresser nos tentes était indiquée par trois roches isolées, détachées, depuis bien des siècles sans doute, des montagnes voisines. S'appuyant sur l'une d'elles, nos rabatteurs avaient déjà construit pour eux-mêmes un abri avec de petits murs en pierres sèches et quelques planches. Ils avaient recouvert le sol d'un lit épais de menues branches de sapin, et ils devaient dormir sur cette couche primitive, enveloppés d'un manteau ou d'une couverture.

On installa au pied du second rocher une cuisine semblable à celle des soldats en campagne. Quelques pierres, convenablement disposées pour ménager un courant d'air et supporter une marmite, en faisaient tous les frais.

Nous n'avions que deux tentes, l'une petite,

3

où Post et d'Auribeau étaient à l'étroit, l'autre assez grande pour nous contenir tous. Cette dernière nous servait à la fois de dortoir et de salle à manger; elle abritait aussi les provisions de bouche, indispensables dans un endroit aussi éloigné de tout centre habité.

Chacun de nous avait un lit de camp, en fer ou en bois, facile à monter et à démonter. Ceux qui ne s'étaient pas munis d'un petit matelas regrettèrent d'avoir négligé une précaution si utile, car ce matelas ne sert pas seulement à être un peu plus doucement étendu, il garantit en outre du froid qui est parfois assez intense pendant la nuit.

Avant leur départ de Pau, Post et d'Auribeau avaient dressé et abattu quelquefois les tentes. Cette opération très-simple demande encore une certaine pratique pour être bien et vivement exécutée. Malgré ces répétitions préliminaires et leur bonne volonté, ils n'étaient pas encore très-rompus à cette manœuvre, à laquelle, d'ailleurs, les autres n'entendaient absolument rien : ils ne s'y prenaient pas adroitement, et on les aidait mal. La fatigue d'une nuit sans sommeil, jointe à celle de notre excursion matinale, nous rendait tous si nerveux, si irritables, que déjà l'on murmurait tout bas des paroles amères, quand un heureux retour à la raison dissipa l'orage sur le point d'éclater.

A peine installés tant bien que mal, les plus intrépides voulurent tout de suite se mettre en chasse. Nous avions devant nous toute une après-midi; en juillet les journées sont longues, et nous étions désormais dans les régions âpres et difficiles d'accès où les isards espèrent vivre en repos et échapper aux poursuites de leurs ennemis.

Je n'avais nulle idée de la manière dont on procède dans ce genre de chasse, et, ne comptant guère sur un résultat satisfaisant, je me laissai guider. Un de nos hommes me plaça au pied d'un bloc de pierre en me recommandant de ne pas bouger, de ne pas fumer, de ne pas faire miroiter le canon de mon fusil au soleil, et d'avoir l'œil bien ouvert. Mes compagnons furent postés dans des situations analogues. Quant aux rabatteurs, je les vis disparaître derrière des crêtes élevées, puis le silence se fit.

Le soleil dardait des rayons brûlants et presque verticaux; rien ne bougeait au milieu de ce chaos de rochers. Pendant quelque temps je contemplai les grandes montagnes qui m'entouraient, la neige et le ciel bleu. Peu à peu, sous l'influence des fatigues précédentes, mes paupières s'alourdirent, mes idées devinrent vagues, indécises, et je m'endormis profondément.

A mon réveil, en reprenant conscience et des lieux dans lesquels je me trouvais, et du but que je poursuivais, je cherchai à découvrir s'il était survenu quelque événement pendant mon sommeil. La nature gardait toujours un calme solennel, un silence absolu; j'aperçus avec peine quelques-uns de mes compagnons blottis encore dans leur cachette. Je mourais d'envie de changer de place, et je n'osais bouger. Je craignais de compromettre par quelque imprudence le succès de la chasse.

Après de longues heures d'attente, au haut des murailles de rochers que nous avions en face de nous apparut une silhouette humaine, puis deux, puis trois; c'étaient comme de petits points d'exclamation à la suite d'une très-longue période.

Peu à peu les hommes descendirent de leurs

postes d'observation, les chasseurs se redres-
sèrent, on se rapprocha les uns des autres, on
se demanda des nouvelles de la chasse. Les
rabatteurs nous rejoignirent, nous parlèrent
des isards qui s'étaient dérobés malgré les efforts qu'ils avaient faits pour les ramener de
notre côté.

Ceux d'entre nous dont l'imagination ardente rêvait depuis longtemps un succès prompt
et facile dissimulaient mal leur mécompte : ils
blâmaient la manière de procéder des traqueurs, ils réservaient leurs plus amères criti-
ques pour leur chef Lamazou, qui protestait de
son mieux et jurait ses grands dieux que nous
prendrions bientôt une revanche éclatante contre ces coquins d'isards.

Lamazou était un homme de quarante-trois
à quarante-quatre ans, de taille moyenne, vigoureux et alerte. Né dans la montagne, il chas-
sait dès ses plus jeunes années. Il avait tué bien
des isards, et s'était même mesuré avec succès
contre les ours. Propriétaire d'un petit bien,
beau parleur, vif, actif, intelligent, connaissant
à fond tous les replis du terrain, toutes les anfractuosités des rochers, il avait la haute main

sur les autres rabatteurs, qui lui accordaient
assez volontiers une certaine autorité sur eux.

Ce premier échec ne devait pas ralentir notre ardeur, et le lendemain matin nous partions
pour la battue du Bizaouri, un des grands pics
des Pyrénées, peu connu malgré cela des tou-
ristes qui vont chaque année les visiter, parce
qu'il est loin des routes qui les attirent habituellement.

Après une ascension de plus de deux heures,
à partir de notre campement, chacun gagna le
poste qui lui était désigné. J'en réclamai un
dans un endroit où il me fût permis de remuer
à mon aise sans nuire en rien à la battue : pour
satisfaire ce désir on me laissa sur la dernière
ligne des tireurs, tandis que mes compagnons
s'espaçaient près d'un col où, disait-on, les
isards devaient forcément passer.

La petite roche près de laquelle j'étais ac-
croupi dominait un large et profond ravin dont
la partie supérieure aboutissait au col où étaient
postés la plupart de mes compagnons ; la neige
accumulée par les vents en tapissait les flancs
et le fond ; elle recouvrait aussi de larges sur-
faces sur les derniers contreforts du Bizaouri,

qui dressaient devant moi leurs puissantes arêtes; elle s'étend pendant l'hiver sur toutes les Pyrénées comme un blanc manteau; mais, l'été venu, il n'en reste plus que des lambeaux épars.

Aucun nuage ne voilait l'azur du ciel; nul souffle de vent, aussi le soleil était-il très-chaud, bien que l'air fût léger. Le silence était imposant; j'éprouvais au fond de l'âme un plaisir indéfinissable à contempler le tableau que j'avais devant les yeux, et dont nulle description ne saurait donner une idée à ceux qui n'ont pas erré sur le sommet des hautes montagnes.

Tandis que je me livrais à ma muette admiration, quelques-uns de nos rabatteurs escaladaient les rudes flancs du Bizaouri, et les isards, qui de loin les avaient vus ou les avaient éventés, battaient lentement en retraite devant eux.

Resté, à leur endroit, plus incrédule que jamais après la battue de la veille, je ne pouvais plus conserver le moindre doute et devais enfin me rendre à l'évidence.

Les diverses bandes, disséminées çà et là dans les replis de la montagne, semblaient s'être réunies sur une grande tache de neige en forme

d'éventail. Il y en avait plus de quarante qui
s'acheminaient peu à peu vers la cime la plus
élevée du pic. Ravi de les voir, anxieux de ce
qu'ils allaient devenir, j'observai pendant longtemps toutes leurs évolutions; ils disparurent
enfin, ainsi que les rabatteurs, devenus des petits points noirs à peine perceptibles sur la neige
ou sur le ciel. Rien n'animait plus la nature.

La contemplation a ses limites; si beau, si
grandiose que soit un paysage, je n'en ai jamais
vu qui puisse tenir mon esprit en éveil pendant
de longues heures.

Tout en surveillant les environs, je comptai
et recomptai, pour charmer mes loisirs, les diverses espèces d'herbes qui poussaient péniblement partout où un peu de terre végétale permettait à leurs racines de se développer.

Je cherchai à reconnaître si nous étions géo-
logiquement sur le terrain jurassique ou sur le
terrain crétacé; l'absence de fossiles m'empê-
chait de trancher la question.

Je n'avais pas encore cette patience du
chasseur qui reste cloué indéfiniment à la
même place, plein de la vague espérance
de voir tout à coup surgir devant lui le gibier,

objet de ses ardents désirs. La crainte de perdre juste au dernier moment le fruit de cette
ennuyeuse attente me domina longtemps ; mais,
à bout de patience, n'y tenant plus, je me hasardai enfin à quitter mon poste. J'errais à l'aventure sur une pente que je gravissais, lorsque
j'entendis un coup de fusil, puis deux, puis
d'autres encore. Que faire ? où aller ? où courir ? Mon cœur battait étrangement, tout mon
être était en vibration ; je portais les yeux de
tous côtés, quand j'aperçus quatre isards qui
bondissaient au milieu des pierres, bien au-dessous de moi. Masqué par un pli de terrain, je
descends à toutes jambes pour me trouver sur
leur passage. Le hasard guide si bien mes pas
que je les revois à portée, au moment où ils allaient disparaître derrière un gros rocher ; j'ajuste le dernier, je tire et cours là où la bande
était passée, car je croyais avoir visé convenablement, mais... hélas !... tous avaient disparu.

Désespéré, enragé, furieux, je me traitais de
la manière la plus dure, me prodiguant toutes
les qualifications malsonnantes qui affluaient à
mon esprit.

La battue finie, tireurs et rabatteurs revin-

rent peu à peu de mon côté, et quand nous fûmes tous réunis on déposa au milieu de nous
deux beaux isards tombés morts lors de la fusillade qui m'avait si fort impressionné. On les
regarde, on les retourne, on les examine avec
l'intérêt qu'inspire toute chose nouvelle. N'é-
taient-ils pas, en effet, les premiers dont nous
nous emparions? On félicite de leurs succès
ceux qui avaient été heureux; ils acceptent
modestement les éloges et se concentrent dans
la joie de leur triomphe. Je n'affirmerais pas
qu'un peu d'envie ne se soit glissé dans le cœur
de quelques-uns de ceux que la fortune n'avait
pas favorisés, mais il n'y parut pas.

Quand un isard est tué à la montagne, on
l'éventre tout de suite, on le vide et on lui lie
les quatre pattes ensemble. Le chasseur qui
s'en charge met le corps de l'animal sur ses
épaules en appuyant les pattes contre son front;
il conserve ainsi toute la liberté de ses mouvements, et peut aisément se servir de son bâton
ferré quand cela lui devient nécessaire.

Tout en dévorant quelques provisions ap-
portées du campement et en buvant de l'eau
de neige, la seule que l'on trouve dans ces

hautes régions, on contait, souvent tous à la fois, les divers incidents de la chasse : « Quel fameux poste j'occupais ! C'est toujours là que passent et passeront les isards. — Si j'avais été plus haut ou plus bas, comme je voulais me mettre d'abord, je les aurais eus à bonne distance; j'ai tiré, mais de trop loin, peut-être cependant aurais-je pu les atteindre. — Et cette bande qui s'est dérobée, avez-vous vu ces gueux-là comme ils filaient; nous les repincerons, les brigands! — Y en avait-il! était-ce assez joli! — Comme ils bondissaient! Quels jarrets ils ont!» Et bien d'autres propos aussi décousus qui font la joie du chasseur; jamais on ne se lasse de les dire, de les redire et de les écouter.

Après cette première explosion il fut question des quatre isards qui m'étaient passés. Quelques-uns de nos hommes affirmaient en avoir vu quatre d'abord, et n'en avoir plus compté que trois ensuite. « C'est cela, les quatre, moins celui que j'ai tiré », dis-je alors, enhardi par ce que je venais d'entendre; « il est resté sans doute au milieu des gros blocs de pierres que nous voyons d'ici. » On envoya un homme, et il

ne tarda pas en effet à découvrir la pauvre bête,
qui ne se traînait plus qu'avec une extrême dif-
ficulté. Chacun, en la voyant, sauta sur son
fusil; on l'enveloppa bientôt d'un cercle de feu,
et elle ne tarda pas à tomber pour ne plus se
relever. Le petit gibier appartient, on le sait, au
chasseur qui lui porte le dernier coup; à l'in-
verse de cet usage, on donne l'isard à celui
qui lui a fait la première blessure, celle qui
l'a arrêté dans sa course et a permis de s'en
emparer.

J'avais donc tué mon isard, j'étais sûr de ne
pas revenir bredouille. Je ne manifestai point
une grande satisfaction, mais, intérieurement,
j'éprouvais un bonheur très-grand. Pourquoi
donc n'est-il permis qu'à l'extrême jeunesse de
laisser déborder de son cœur la joie ou le cha-
grin? A mesure que l'on avance dans la vie, il
faut savoir, sous peine d'un certain ridicule,
étouffer en soi-même ses plus vives émotions.

Les pics presque inaccessibles, les mers profondes, les vastes champs de l'air, rien n'arrête
l'homme dans son ardeur de destruction ou
son désir de satisfaire à ses besoins multiples.
Il sait toujours atteindre sa proie. Il va vers elle

ou l'attire dans ses piéges. S'il s'attaque à quelque ennemi redoutable, sur lui s'attache l'intérêt de la lutte; mais, je l'avouerai, toutes mes
sympathies, en voyant tant de monde, tant de
fusils, tant de préparatifs, étaient pour ces gra-
cieux animaux qui n'ont pour toute défense
qu'un odorat subtil, une ouïe des plus fines,
une agilité merveilleuse, et qui espèrent trouver
le repos et la tranquillité dans les solitudes des
hautes montagnes. Quand on parlait de bandes
qui s'étaient dérobées, j'avais souvent dit :
« Bravo les isards! » comme on crie en Espagne :
« Bravo taureau! » à celui dont la vigueur et le
courage résistent vaillamment aux attaques de
toute une quadrille de torreadores.

Lamazou n'entendait pas raison sur ce sujet :
tous les isards qui ne se laissaient pas tuer
étaient des canailles, des voleurs, des gueux, des
brigands; et quand je plaidais leur cause, il me
regardait de travers comme un homme dont il
faut se méfier. Peut-être attribuait-il, dans le
secret de sa pensée, l'insuccès de notre première battue à quelque sort que j'avais jeté.
Une fois même, ne pouvant contenir sa mauvaise humeur : « Que vient donc faire ici ce

monsieur? » disait-il à Darralde, qui, grâce au patois béarnais qu'il parle depuis l'enfance, avait plus qu'aucun de nous droit à ses confidences, « pourquoi se trouve-t-il parmi nous? s'il est du parti des isards, qu'il reste chez lui et nous laisse tranquilles. » Quand il vit qu'à l'occasion je faisais de mon mieux, il me pardonna désormais une bienveillance plus théorique que pratique.

Je n'entrerai pas dans le détail des différentes traques que nous avons faites pendant cette saison, soit à la Pourtas, soit à l'Houmias ou autres lieux des environs; la théorie de ce genre de chasse est toujours la même. Les rabatteurs ont des rôles différents : tandis que les uns occupent les passages dans lesquels s'engagent souvent les isards et les détournent quand ils s'y présentent, d'autres parcourent les flancs des montagnes, et, loin de se cacher, ils se laissent voir à dessein. Les isards, qui sont toujours sur le qui-vive, se mettent en mouvement, et cherchent à se dérober. Pour ne pas trop les effrayer, on marche lentement, peu à peu on les pousse devant soi, et si, grâce à toutes les précautions qu'on a prises, on peut les amener

dans des cirques formés de rochers à pic autour desquels il n'existe que quelques coupures
naturelles, sortes de cheminées dans lesquelles
ils grimpent aisément, malheur à eux! c'est
près de ces orifices étroits que sont placés les
tireurs; cachés du mieux qu'ils peuvent au milieu des pierres, ils surveillent avec soin tous
les mouvements des isards. Dans ces moments
le cœur bat, la respiration est courte, car on ne
sait de quel côté ils chercheront à fuir, quel
passage ils adopteront, s'ils iront vers le voisin
ou s'ils viendront vers vous. Quant à eux, les
pauvres animaux, ils sentent le danger de
toutes parts, leur inquiétude est manifeste; ils
font quelques bonds, s'arrêtent, écoutent, bon-
dissent de nouveau, semblent prendre un parti
qu'ils abandonnent aussitôt; leur chef, car ils
en reconnaissent un, redouble d'attention, il
renifle l'air avec force, produisant un sifflement
particulier; il frappe le sol d'un pied de devant.
Mais bientôt les cris que poussent les rabatteurs, dont le cercle s'est resserré sur eux, les
pierres qu'ils font rouler, et qui augmentent le
bruit, les épouvantent au point que, ahuris,
éperdus, ils foncent sur les tireurs. La mort

d'un ou de plusieurs d'entre eux assure le salut des autres. Il arrive, si la bande est nombreuse, d'assister avec un fusil vide à un beau défilé, ce qui vous fait damner. Il en était du moins ainsi avant l'invention des armes à tir rapide. Mais les isards ne doivent plus désormais compter sur ces charges à fond comme celles qui, devant l'ennemi, ont parfois sauvé les débris d'un escadron séparé du gros de l'armée. — Si, faute de monde ou par négligence, un passage au milieu de vingt autres reste dégarni, il y a tout à parier que c'est par là qu'ils fuiront, comme nous l'avons vu bien des fois.

Cette manière de procéder exige beaucoup de monde et convient surtout aux chasseurs amateurs. — Mais ceux qui ont véritablement le feu sacré s'y prennent autrement. — Ils ne sont que deux ou trois au plus. — Aperçoivent-ils, en parcourant la montagne, une bande d'isards, l'un d'eux se détache du groupe, s'assure de la direction du vent, juge d'un coup d'œil les accidents du sol qui lui permettront d'approcher les isards sans être ni vu ni éventé par eux, et c'est quand il n'est plus qu'à cent ou cent cinquante mètres qu'il leur envoie sa balle.

Tandis qu'il exécute cette manœuvre, ses compagnons vont se poster aux endroits qui leur offrent le plus de chance de couper la retraite aux fuyards. Souvent ils réussissent à tirer, car ils connaissent les habitudes du gibier, plus régulières et moins variées qu'on ne serait tenté de le croire, surtout quand il n'est pas trop tourmenté.

Les paysans chasseurs s'y prennent ainsi, ils partagent ensuite le produit de la vente. Ils obtiennent facilement vingt-cinq ou trente francs d'un isard de deux à trois ans.

Durant cette première campagne d'une huitaine de jours, le temps nous avait favorisés. Une fois, cependant, vers la fin de la journée, des nuages menaçants s'accumulèrent sur la cime du Bizaouri. Quelques roulements de tonnerre annonçaient dans le lointain les approches d'un orage. Notre grande tente, déchirée dans le haut, pouvait d'un moment à l'autre être mise en pièces. Poussé par cette crainte, je regagnai en toute hâte le campement. Avec l'aide de notre domestique et de Manescau, qui ce jour-là avait pris un peu de repos, nous l'abattîmes et la réparâmes de notre mieux.

Nous venions de la redresser ; tout fiers de notre bel exploit, nous pensions pouvoir braver désormais les éléments, quand tout à coup survient une violente bourrasque : le vent furieux détruit en un instant notre ouvrage ; une pluie diluvienne l'accompagne. Nous entassons lits et provisions dans la partie de la tente qui n'est pas encore inondée. Nos compagnons, mouillés, trempés, arrivent successivement chercher un refuge sous cet abri insuffisant, car la toile trop légère laisse bientôt filtrer l'eau de tous côtés.

Nous avions en ce moment une piteuse figure, enveloppés dans nos manteaux et accroupis sur nos lits. « Si la pluie continue ainsi toute la nuit, comment ferez-vous ? me demanda-t-on. — Moi, répondis-je, je me ferai le plus petit possible, et je la laisserai tomber. » Quoi de mieux, en effet, dans de pareilles circonstances, que de se résigner à prendre son mal en patience ?

Notre cuisine en plein air n'était pas tenable, notre souper semblait fort compromis, et cette perspective assombrissait encore les esprits. La fatigue, la contrariété, la souffrance n'ont jamais fait naître dans le cœur des sentiments de bienveillance : nous devenons irritables et injustes aussitôt que la fortune cesse de nous prodiguer ses plus doux sourires. — Des fragments de phrases mal compris, des mots mal interprétés, parvenus jusqu'à nous de la petite tente, peu distante de la nôtre, avaient suffi, sous les fâcheuses influences où nous nous trouvions, pour nous amener à formuler contre nos compagnons les plaintes les moins fondées. On semblait leur en vouloir d'être moins mal partagés que nous; ils étaient loin cependant, eux aussi, de goûter toutes les joies du paradis. Le mauvais temps passa vite, heureusement; les dernières gouttes de pluie cessaient à peine de tomber que, la gaieté renaissant parmi nous, on se prit à rire, comme on doit le faire, et de l'orage et de nos boutades de mauvaise humeur.

Souvent le repas du soir, malgré sa frugalité, se prolongeait assez tard. C'était l'heure du triomphe de Manescau, qui monopolisait les gais propos et les plaisanteries de circonstance. Darralde nous divertissait en contant finement de joyeuses anecdotes. Post s'essayait à des calembours qu'il ne manquait

pas de trouver fort drôles, et de le dire ; sans
être de son avis, on les lui pardonnait à cause
de sa bonne volonté. D'Auribeau discutait volontiers les incidents de la chasse et dressait
les plans de campagne du lendemain. Durand
se cabrait devant les attaques de Manescau ; à
chaque instant on croyait que le père et le fils,
le maître et l'élève, allaient se dévorer, et toujours ils finissaient par s'embrasser.

Nos fourrures, nos épais paletots, nos coif-
fures de laine et nos sabots, nous garantissaient
avec peine du froid habituel de |la nuit et de
l'humidité du sol. Parfois cependant un léger
vent du sud rendait l'air si doux, qu'oubliant
les fatigues de la journée, nous allions contempler les sombres masses des rochers qui nous
entouraient et les brillantes étoiles qui scintil-
laient dans le ciel. Le faible murmure du ruisseau, se mêlant de temps à autre au bruit sourd
et prolongé d'une avalanche de pierres ou de
neige, troublait seul le silence qui nous enveloppait. Je me sentais heureux d'être loin des
cités bruyantes, et préférais alors notre blanche
tente au plus beau des palais. Éclairée à l'intérieur par quelques bougies, elle ressemblait de

loin à un gros ver luisant, tel qu'il en existait peut-être dans les temps antédiluviens.

De grand matin on quittait sans regret la couchette peu moelleuse sur laquelle on avait dormi tout habillé; on allait au ruisseau faire ses ablutions; certain de ne scandaliser ni femme ni jeune fille, on se mettait sans scrupule à peu près dans le costume de notre grand-père Adam. Ce costume, confortable sans doute dans le Paradis terrestre, où toutes les brises étaient tièdes et parfumées, devenait intolérable aussitôt que soufflait un vent un peu vif, et l'on se hâtait de se soustraire à ses glaciales caresses.

Chaque jour un courrier à cheval apportait d'Urdos les lettres et les journaux. A peine jetions-nous sur ces derniers un regard distrait. Nous faisions peu de cas de ces échos de la civilisation. La politique et les mesquines rivalités des hommes nous préoccupaient peu, en face du tableau de la nature, qui se déroulait à nos yeux sous un de ses plus grands aspects. J'ajouterai même que l'orgueil de l'homme, cet être microscopique à côté de l'immense univers, me paraissait plus insensé encore que je ne le

trouve au milieu des entraînements de la vie
ordinaire.

Après huit jours de cette existence un peu
rude, assez étrange, mais pleine de charme, il
fallut abattre nos tentes ; en regardant l'herbe
flétrie par nos pieds à la place où elles s'élevaient, une vague tristesse me saisit au cœur,
ainsi que cela arrive souvent à la vue des lieux
témoins de nos plaisirs passés et trop tôt éva-
nouis ; cette fugitive défaillance se dissipa rapidement en m'occupant des ennuyeux détails
qui précèdent un départ.

Tandis qu'ânes et mulets transportaient vers
Urdos nos effets de campement, nous fîmes
avant de quitter la montagne une battue où
nous tuâmes un dernier isard. C'était le on-
zième dont nous tenions les cornes. Nous avons
su plus tard que d'autres encore furent trouvés
morts des suites de leurs blessures. Ceux-là ser-
virent de pâture aux vautours, qui flairent les
animaux morts à des distances prodigieuses.
On les voit alors, avant de fondre sur leur
proie, décrire de grandes spirales d'un vol puis-
sant et majestueux ; ils semblent s'assurer, du
haut des airs, qu'aucun ennemi ne viendra les

troubler durant leur festin; si l'on y assiste en trompant leur vigilance, leur voracité étonne; ils deviennent tellement lourds, une fois repus, qu'il est aisé de les assommer à coups de bâtons, avant qu'ils puissent reprendre leur essor. Le squelette qu'ils abandonnent est si propre, si complétement nettoyé, qu'un habile anatomiste ne s'acquitterait pas mieux d'une pareille besogne.

Post et d'Auribeau s'étaient munis de lignes; ils avaient entendu parler des belles truites du lac d'Estaetz et espéraient en pêcher quelques-unes. Tandis qu'ils faisaient voltiger leurs mouches artificielles à la surface de l'eau, nous attendions, assis tranquillement avec Durand et Manescau sur une petite éminence, le résultat de leurs efforts. Tout à coup un bruit de pierres roulantes, venant d'une arête de rochers qui n'était pas à 80 mètres de nous, attire notre attention, et nous voyons fuir dans la direction du lac deux beaux isards dont notre présence troublait le repos. Nos fusils, malheureusement, étaient dans leur étui. Un de nos hommes les salua à grande distance d'une balle inoffensive, mais qui les effraya tellement qu'ils passèrent à dix pas des pêcheurs; ceux-ci auraient pêché un isard, s'ils avaient eu dans les mains un harpon au lieu d'une ligne.

Cette dernière aventure nous prouvait, une fois de plus, qu'un chasseur ne doit jamais se séparer de son fusil avant d'être rentré au logis.

Nous arrivâmes vers quatre ou cinq heures du soir aux forges d'Abel, que nous avions à peine daigné remarquer en passant. Une bienveillante hospitalité nous y attendait cependant. M. Bertrand, venu de loin chercher dans ce lieu retiré le calme et la tranquillité, à la suite d'événements qui nous sont restés inconnus, est silencieux comme un homme qui aime la solitude. Malgré cela, l'irruption subite de notre troupe bruyante ne sembla pas le troubler. Il mit sa maison à notre disposition et nous offrit un excellent dîner, qui nous parut d'autant meilleur que depuis huit jours nous faisions maigre chère : nous ne savions pas encore profiter des ressources qui, plus tard, devaient augmenter notre bien-être.

Après avoir remercié chaudement notre hôte de son bon accueil, et nous être excusés du désordre que notre présence avait apporté chez lui, nous remontions dans notre diligence; nous repassions à peu près par les mêmes incidents qu'en allant vers la montagne, et nous arrivions à Pau tous plus ou moins éreintés, mais si satisfaits de notre expédition, qu'avant de nous séparer nous nous promîmes de recommencer l'année suivante la même partie.

## 1865

FIDÈLES à l'engagement que nous avions contracté en nous quittant l'année précédente, nous étions de nouveau, dans les premiers jours de juillet 1865, prêts à repartir pour la montagne. Notre nombre pourtant était un peu réduit. Post, Coïg O'Donnel et le diplomate n'avaient pas pu ou n'avaient pas voulu se joindre à nous. Il ne restait plus que d'Auribeau, Darralde, Manescau, Durand et moi.

Je n'oublierai jamais l'impression que j'éprouvai quand je revis le plateau d'Olibon Viejo. Le soleil n'avait encore fondu qu'imparfaitement la neige tombée en abondance durant un rude hiver ; dès le lac d'Estaetz, nous en rencontrions des taches qui se multipliaient à mesure que nous nous élevions davantage ; elle encombrait l'entrée du plateau et s'étendait sur toutes les parties non verticales des rochers du fond. Le lieu même du campement était libre, mais depuis bien peu de temps, car l'herbe, brûlée par le contact prolongé de la glace, n'avait repris que çà et là cette fraîche verdure, signe du retour à la vie.

L'aspect d'Olibon n'est jamais riant, mais il était plus triste, plus sévère, plus saisissant que l'année précédente. J'éprouvais comme des frissons en songeant à ce que doit être un pareil endroit pendant les rigueurs de l'hiver.

L'expérience acquise durant notre campagne précédente avait amené quelques modifications dans notre installation. D'Auribeau, Darralde et moi, nous avions chacun notre tente ; Durand et Manescau faisaient ménage commun ; la grande tente nous servait encore de salle à manger.

A l'inspection des dispositions, des aménagements intérieurs, on reconnaissait facilement les goûts et les habitudes qui nous dominaient les uns et les autres. Darralde, avec deux bouts de planche, quelques piquets et du linge blanc, avait monté une petite étagère, où les cartouches, les brosses, les peignes tenaient lieu de chinoiseries; puis un vieux bout de tapis, certaines bouteilles de parfums, et un air particulier de coquetterie, donnaient à l'ensemble un cachet Breda-Street bien caractérisé. Quand il contemplait son œuvre, ses yeux brillaient de plaisir; on ne pouvait s'y tromper : on était chez un grand amateur du beau sexe.

L'intérieur de d'Auribeau participait du précédent; un encrier, un buvard et quelques papiers y ajoutaient cependant une très-légère nuance administrative.

La tente de Durand et de Manescau, plus grande que les autres, était encombrée d'une foule d'objets divers dont ils avaient besoin à chaque instant, et qu'ils ne retrouvaient que grâce aux recherches incessantes de Gassand, un pauvre diable disgracié de la nature, bossu et bancroche, sans cesse occupé de leurs personnes; ils ne pouvaient se passer un seul instant de ses services. On n'entendait que son nom : Gassand par ci, Gassand par là. Ce n'était pas agaçant, mais comique, à cause des réflexions qui accompagnaient ces appellations réitérées.

Pour dire l'impression qu'on éprouvait en pénétrant chez moi, je devrais me connaître; et n'est-il pas admis de toute antiquité que l'on ne peut se voir avec ses propres yeux? Il faudrait, pour y arriver, sortir de soi-même, s'observer à distance, et ce secret reste encore à découvrir. Un burnous et une étoffe d'Orient qui pendaient dans un coin laissaient pressentir cependant un goût prononcé pour les pays lointains.

Lamazou était toujours à la tête de nos dix ou douze traqueurs de l'année précédente. Les battues se firent de la même manière, mais plus péniblement, car les montagnes étaient recouvertes d'une bien plus grande quantité de neige. Elle formait souvent de larges couches fortement inclinées sur lesquelles nous ne nous aventurions qu'avec une certaine émotion. Dans les passages dangereux, on emboîtait le pas du chef de file, on posait avec précaution les pieds dans les traces qu'il laissait, et l'on appréciait les mérites du grand bâton ferré, ce compa-

gnon indispensable de toute course au milieu
des hautes montagnes.

Au Bizaouri, nos rabatteurs avaient été obligés plusieurs fois d'avoir recours aux crampons
de fer, qu'ils ne chaussent que dans les endroits
périlleux, là où ils trouvent en outre une neige
dure et résistante.

D'Auribeau, dans cette battue, eut le bonheur de faire un joli coup double sur les deux
seuls isards qu'on était parvenu à rabattre de
notre côté. Deux de nos hommes les avaient
chargés comme d'usage sur leurs épaules pour
les rapporter, quand, en traversant une large
tache de neige qui s'étendait jusqu'au bas d'un
profond ravin, l'un d'eux, perdant l'équilibre,
tombe tout à coup et roule sur lui-même, sans
qu'on puisse prévoir les conséquences d'une
telle chute. Mais, avec une adresse merveilleuse,
il s'arrête court, se redresse en fichant son bâton dans la neige, se met à cheval dessus, et,
certain désormais de modérer à son gré la ra-
pidité de sa course, il se laisse glisser, les talons
en avant, à la poursuite de son isard, qui l'avait
précédé au fond du ravin. Il le remit tranquillement sur ses épaules, et remonta lentement en-

suite les cent ou cent cinquante mètres si vite
descendus.

Pour varier nos plaisirs, nous avions décidé
de faire une nouvelle traque, celle de Fouratoune.

Il était de bonne heure encore, que déjà nous
cheminions sur la face du Bizaouri qui regarde
l'Espagne.

Si du côté de la France le pic se relie au
grand système des Pyrénées, du côté opposé
les puissantes assises qui lui servent de base
s'élèvent rapidement de la plaine jusqu'aux
hauteurs où nous nous trouvions. Tout ce qui
s'étend vers l'horizon semble n'avoir plus de
relief. Les coteaux et les vallons se confondent,
les villes et les villages disparaissent, un fil
d'argent indique parfois une rivière. Sous le soleil qui l'inondait de ses rayons, cet immense
panorama n'avait qu'une coloration pâle, effa-
cée, légèrement bleuâtre. Quelques nuages pro-
jetaient çà et là une ombre indécise. C'est ainsi
qu'on doit voir la nature quand on s'élève dans
l'air en ballon; les premiers plans manquent
alors entièrement. Rien ne remplace les rudes
rochers que nous avions sous les yeux, ainsi

que la forêt de sapins d'Arajuz, qui faisait, bien
au-dessous de nous, une grande tache d'un vert
sombre velouté de bleu, d'un ton et d'un effet
magnifiques.

Les vastes étendues n'ont rien de pittoresque;
elles ont cependant un singulier attrait. L'homme, en les contemplant, se sent tout à la fois
grand et petit; il incline à croire que les hautes
montagnes sont le seul piédestal digne de lui et
de son intelligence. Dans son amour de domi-
nation, il brave sans cesse les éléments, qui se
vengent parfois de son audace; il le sait, mais
il ne s'acharne pas moins à la lutte.

Fouratoune est une large cavité située au
pied de la dernière pointe du Bizaouri; elle n'a
rien de volcanique; malgré cela, elle rappelle
par sa forme un cratère égueulé.

Nous venions de scruter du regard la profon-
deur du gouffre et de reconnaître que toute
notre peine était perdue, quand, pour augmenter nos regrets, nous vîmes au loin une belle
bande de vingt-deux isards, qui n'avait pas at-
tendu notre arrivée pour quitter un endroit
d'où, un peu plus tard, elle n'aurait pas pu s'en-
fuir sans essuyer un feu nourri.

7

La chance paraissait nous être contraire ce jour-là. Tandis qu'étendus sur la pierre nous mangions un maigre déjeuner, un brouillard épais, accompagné d'un vent très-vif, nous enveloppa de vapeurs humides et froides. Nous nous pressions inutilement les uns contre les autres pour nous réchauffer, nous n'en étions pas moins gelés. Certes, si les poëtes de l'antiquité avaient su combien il est désagréable d'être ainsi perdu au milieu des nuages, ils n'y auraient pas couché, comme ils l'ont fait, leurs dieux et leurs déesses.

Le ciel reprit bientôt tout son éclat, et l'on décida de gagner le fond de Fouratoune.

Quelques-uns de nos hommes nous précédèrent et nous attendirent au bas d'une longue coulée de neige que nous devions descendre. La précaution était sage, car deux d'entre nous, perdant l'équilibre sur cette pente très-rapide, roulèrent cul par-dessus tête sans pouvoir s'arrêter. Ils furent happés au passage avant d'atteindre les pierres, sur lesquelles ils se seraient tout au moins fortement contusionnés. On ne fit que rire de cette petite aventure, qui nous montrait, une fois de plus, combien nous étions loin de posséder l'agilité des vrais enfants de la montagne.

Le brouillard nous ménageait encore des surprises. Vers le soir, il nous enveloppa de nouveau. Les rayons du soleil, déjà bas sur l'horizon, décomposés et reflétés par des vapeurs d'une inégale densité, produisaient les effets les plus étranges que l'on puisse imaginer. On ne savait plus distinguer le ciel d'avec les montagnes. Tous les objets revêtaient des formes fantastiques. Et si un heureux hasard ne nous eût pas alors tous réunis, nous nous serions certainement égarés dans un endroit, distant d'une heure à peine de notre campement, et qui nous était déjà familier.

Nos hommes avaient une telle connaissance de ces lieux sauvages, qu'ils n'eurent pas un moment d'hésitation; et, en rentrant avec deux isards tués à la Pourtas, nous oubliâmes bientôt les douze heures de pénibles marches faites durant cette journée.

On sait qu'une chaîne de montagnes forme à la surface du globe un ressaut, une sorte de bourrelet dont les proportions varient entre de larges limites. Dans les Pyrénées ce ressaut atteint, sur une longue étendue, un niveau d'environ 2,000 à 2,400 mètres, au-dessus duquel s'élèvent encore quelques pointes isolées, qui attirent particulièrement l'attention.

Campés à peu près à la hauteur du pied des pics en renom, nous les voyions sans cesse dans nos courses. Tels étaient les pics d'Anie, du Midi de Pau, du Gers, d'Aspe, et bien d'autres encore dont l'énumération serait trop longue. Ces dernières protubérances ne formaient plus sur le ciel qu'une simple dentelure; on ne pouvait avoir une juste idée de leur hauteur qu'en plongeant du regard dans les profondeurs des vallées qui prennent naissance à leur base, et surtout en songeant aux longues, aux rudes ascensions qu'il avait fallu faire pour arriver à être en quelque sorte de plain-pied avec elles.

Le massif des Alpes présente les mêmes caractères que celui des Pyrénées. S'il est plus compliqué, plus élevé, plus abrupt, plus grandiose encore, par contre il a un air moins méridional; l'aspect des vallées est moins coquet et moins riant, de sorte que ces deux chaînes de montagnes peuvent avoir l'une et l'autre leurs admirateurs enthousiastes.

Les postes que nous avions gardés successivement différaient entièrement les uns des autres.
Ici, perchés sur des crêtes escarpées, nous dominions d'immenses rochers ; là, au contraire, ils
se dressaient à pic devant nos yeux. Tantôt
blotti dans un endroit insignifiant, sans horizon
devant soi, on ne suivait aucun des incidents de
la chasse, rien n'annonçait l'arrivée des isards ;
masqués jusqu'au dernier moment par des plis
de terrain ou par de hauts rochers, ils se montraient tout à coup et presque à portée de tir.
Souvent aussi le bruit des coups de fusils ou celui
des cailloux roulant sous leurs pas avertissait
de se tenir prêt à les recevoir. Tantôt enfin la
vue s'étendait au loin, et l'on ne perdait rien
du petit drame dans lequel on jouait son rôle.

Les postes de la battue du pic d'Aspe étaient
merveilleux sous ce rapport. Outre le beau panorama de montagnes qui se déroulait devant
les yeux, on embrassait encore dans son ensemble un large glacier prenant naissance au
pied même du pic.

Les isards ramenés du versant opposé appa-
raissaient sur cette blanche surface comme de
petits points noirs que l'on confondait souvent

avec les saillies des rochers; leur mobilité seule permettait de les reconnaître. Ils s'avançaient en file plus ou moins longue. On les voyait enfin plus distinctement jouer entre eux et prendre leurs ébats, inconscients du danger qui les menaçait, jusqu'au moment où la venue des rabatteurs déterminait leur fuite.

Si parfois ils ont su se dérober, ils ont eu souvent aussi à essuyer la vive fusillade des tireurs. Un jour Darralde tua raide, mais de son second coup, une chèvre accompagnée de son chevreau. Elle arrivait à toute vitesse en suivant une étroite corniche d'où elle fut précipitée sur un talus si rapide, que longtemps elle roula sur elle-même; son petit courut en bondissant après elle, croyant qu'elle lui indiquait la route qu'il devait prendre. Quand il la vit inerte, saisi de peur, il s'enfuit et disparut bientôt.

Les chèvres ont rarement plus d'un petit. Elles mettent bas vers le commencement de mai, de sorte que, si l'on fait la chasse trop tôt, on peut tuer des mères encore pleines, ou suivies d'un produit si chétif qu'il ne vaut pas le coup de fusil.

La neige trop abondante rend aussi les battues très-pénibles. Si l'on attend trop tard, les troupeaux de moutons envahissent toute la contrée; les chiens des bergers, qui souvent donnent des voix sur les isards, dérangent aussi les plans les mieux combinés.

L'époque qui me paraît la plus favorable pour ce genre de chasse avoisine le 15 juillet; un peu plus tôt quand l'hiver a été doux, et que l'été commence par des chaleurs, mais rarement plus tard. Nous ne devions pas, cette année-là, quitter la montagne sans quelques avaries.

La veille du départ, Durand et d'Auribeau tombèrent en traversant une couche de neige très-inclinée. Ils roulèrent jusqu'au bas, et ne furent arrêtés que par une saillie de rocher qui les préserva d'une chute bien plus grave encore. L'un d'eux se releva avec des entailles à la main et à la jambe, l'autre avec un poignet fortement foulé.

Les isards ne les avaient certes pas engagés à s'acharner comme ils le faisaient à leur poursuite, et ce fut pourtant à eux qu'ils s'en prirent. Tous nous leur en voulions d'un accident dont ils étaient cependant bien innocents. Comme l'année précédente, la mort de onze d'entre eux nous avait vengés à l'avance d'une mésaventure qui ne fit qu'augmenter notre ardeur pour cette chasse.

## 1866

La cuisine s'améliore. — Le mulet de Manescau.
Judas Iscariote.

N 1866, nous fûmes encore tous exacts au rendez-vous que nous nous étions donné à Urdos, où nous arrivâmes chacun de notre côté, de Pau ou de Bayonne, dans de légères voitures. La diligence, objet pendant deux ans de si vives récriminations, était définitivement abandonnée, personne ne voulait plus en entendre parler. Quant à nos bagages, dont le nombre allait toujours en augmentant, ils avaient été expédiés par un fourgon spécial.

Le docteur Daran s'était joint à nous, et, grâce aux écoles faites pendant les années précédentes, à l'expérience acquise et aux précautions minutieuses prises par le docteur pour

8

assurer notre bien-être, nous avons joui pendant toute cette saison d'une foule de douceurs
qui nous étaient restées inconnues jusqu'alors.
A la frugalité des premiers temps succéda l'a-
bondance et même la recherche. De vrais fourneaux, bien et régulièrement construits, entou-
rés d'un mur en pierres sèches, le tout recouvert d'un toit en planches, permettaient à nos
cuisiniers, car nous en avions deux, de déployer
à l'aise leurs talents. Largement approvisionnés
de tous les ingrédients dont ils pouvaient avoir
besoin, notre table ne laissait absolument rien à
désirer.

A la suite des deux chasses précédentes, Manescau, en rentrant chez lui à peu près fourbu,
jurait ses grands dieux de ne plus jamais recommencer de pareilles expéditions; mais il trouvait tant de charme à la vie que nous menions
à la montagne, qu'il oubliait ses serments, aussitôt que sonnait l'heure du départ.

Malgré toute sa bonne volonté, comme ses
jambes lui refusaient de plus en plus leur service, il eut l'heureuse idée de leur adjoindre
celles, plus jeunes et plus nerveuses, d'un petit
mulet qui a accompli les prouesses les plus mer-

veilleuses. On ne saurait s'imaginer l'adresse
de cet animal. Il rencontrait pourtant parfois,
dans les courses qu'on lui faisait faire, des passages tellement impraticables, surtout lorsque
la neige s'ajoutait aux difficultés du terrain,
qu'il aurait été dans l'impossibilité de les franchir, si nos hommes ne lui étaient venus en aide.
L'un le prenait par la tête, l'autre par la queue,
d'autres l'étayaient de chaque côté, ils enle-
vaient ainsi la bête et le cavalier, puis, l'obsta-
cle surmonté, ils célébraient sa vaillance et
ajoutaient : « Marche, marche toujours, Martin,
ne crains rien, mon ami, que tu vas être heureux
dans un instant au haut de la montagne! quels
beaux champs de réglisse tu y trouveras!
comme tu te régaleras, mon brave! tu n'auras
jamais été à pareille fête! » Ces plaisanteries, et
d'autres du même genre, témoignaient de l'entrain et de la bonne humeur de nos gens. Manescau, lui, calme et souriant dans ces moments difficiles, ajoutait aussi quelques drôle-
ries qui faisaient rire tout le monde. Quant au
mulet, il marchait toujours, ne trouvant le plus
souvent, pour prix de ses peines, que des rochers nus à lécher.

Les jours de grande expédition étaient ses
jours de fête; Manescau restait au campement
à surveiller le dîner, ce dont il s'acquittait en
conscience, et, de son côté, son fidèle compagnon tondait en paix alors l'herbe fine et succulente, j'aime à le croire, de la Pradera d'Olibon.

Pendant le cours de nos diverses chasses
nous avions eu successivement, les uns et les
autres, la chance de tuer des isards. Nous nous
cédions volontiers à tour de rôle les postes les
plus favorables; ceux-ci occupés, chacun suivait ensuite son inspiration pour se placer le
mieux possible. Les fantaisies du gibier sont
telles, quand il est vivement poursuivi, qu'à de
rares exceptions près, on ne peut prévoir la direction qu'il prendra, et souvent le poste considéré comme le moins bon devient le meilleur.
Quoique placé habituellement en seconde ligne,
Manescau eut fréquemment l'occasion de tirer
et parfois le plaisir de tuer.

Nos battues se succédèrent avec des chances
variées. Il nous sembla cependant que les
isards étaient en moins grand nombre que les
années précédentes. Si plusieurs fois nous ren-

tràmes les mains vides, il nous arriva aussi d'en tuer quatre le même jour. En somme, au moment du départ, nous comptions encore onze victimes; c'était le chiffre fatal, celui que nous ne pouvions dépasser.

Il fut complété par un beau mâle qui avait eu l'imprudence de venir pendant la nuit au milieu des rochers qui formaient le fond de Bernère. Chaque matin, en sortant de nos tentes, nous ne manquions jamais de regarder avec une grande attention les montagnes qui nous entouraient, car souvent nous y avions vu des isards qu'aussitôt on allait traquer.

Celui-là s'était planté droit sur un rocher abrupt et tellement éloigné de tout endroit accessible, qu'il croyait pouvoir y demeurer en paix; aussi bravait-il sans bouger les cris des rabatteurs, les pierres qu'ils faisaient rouler, et même les coups de fusils qu'ils tiraient pour l'effrayer. Il semblait pétrifié ou coulé en bronze.

Lamazou était enragé, furieux après lui. Outre les termes de voleur et de brigand qu'il lui prodiguait, selon son habitude, il ajoutait : « Voyez-vous ce Judas, ce Judas Iscariote, comme il se moque de nous. »

Le fait est que, pressés par l'heure pour gagner Urdos avant la nuit, voyant l'inutilité de
nos efforts, nous abandonnions la partie. Déjà
plusieurs postes étaient dégarnis, quand la pauvre bête eut la funeste idée de quitter son rocher. Elle partit comme un trait, passa à bonne
portée d'un de nos hommes, le vieux Lahorque,
qui, malgré ses soixante-trois printemps, marchait encore fort bien; il avait l'œil aussi bon
que le jarret, car il lui envoya une balle qui l'é-
tendit raide morte sur la place.

Si aucun incident nouveau ne signala cette
campagne, il n'en fut pas de même l'année suivante.

## 1867

Nous tournons au sybaritisme. — Battue à l'ours. — Un crâne humain. — Violent orage. — L'homme à la jambe de bois. — Forêt d'Arajuez.

'AMI de Darralde, Manolo, marquis de Claramonte, noble castillan, fut le bienvenu parmi nous lorsque nous partîmes pour cette nouvelle expédition ; nous lui devions certes un excellent accueil, car sans les influences, en hauts lieux, de ses parents et de ses amis, nous n'aurions pas pu faire sur le territoire espagnol ces chasses qui avaient pour nous tant d'attrait : les carabineros nous auraient obligés promptement à repasser la frontière. Ils étaient au contraire pleins d'égards pour nous, grâce aux ordres spéciaux qu'ils recevaient chaque année de leurs chefs.

Nous quittions à peine Urdos que Manolo,

surexcité par les récits de Darralde, brûlant
d'envie d'arriver au plus tôt à Olibon, poussait
vivement sa monture, devançait tout le monde
et m'entraînait à sa suite; il comptait sur moi
pour lui montrer le chemin.

Je l'avais fait assez souvent pour le bien connaître; mais au milieu des bois il est si facile,
entre deux sentiers qui ont même apparence et
qui semblent avoir même direction, de prendre
l'un pour l'autre, qu'à un moment donné, après
un peu d'hésitation, je me trompai. J'étais certain du point où j'aboutirais, mais, au lieu d'une
route tolérable, nous en trouvâmes une si mauvaise que nous dûmes mettre pied à terre. Il
était temps, car peu après ma jument s'abattit,
et glissa les quatre fers en l'air sur un sol très-
incliné. Sans une cépée de hêtre qui l'arrêta
presque au bord d'un escarpement vertical, elle
se serait tuée infailliblement. Elle en fut quitte
pour quelques écorchures, et moi pour la peur
d'avoir à rembourser le prix de la pauvre
bête.

En arrivant à Olibon nous trouvâmes notre
ancien compagnon Post, dont la tente était déjà
dressée depuis plusieurs jours. En véritable

américain habitué aux longues courses à travers les solitudes du nouveau monde, il pêchait
la truite au lac d'Estaetz, escorté seulement
d'un montagnard qui lui servait à la fois de
guide et de domestique.

Darralde, Manolo et moi nous nous étions
chargés de dresser le campement en attendant
nos amis de Pau, que nous précédions de vingt-
quatre heures.

Notre installation avait pris les proportions
d'un petit village. Outre la cuisine et la cabane
des hommes, huit tentes, groupées avec quelques fantaisies, s'élevaient sur le lieu ordinaire
du campement. Les couleurs variées des gui-
dons qui les surmontaient presque toutes produisaient en flottant au vent un fort joli effet.

Chaque année, quelque perfectionnement de
détail augmentait notre bien-être. Ainsi nous
avions doublé l'intérieur de nos tentes pour
nous mieux préserver du froid et du vent; puis
nous étendions sur le sol de petits galets qui le
maintenaient toujours sec; autrement, bien qu'a-
britée, l'herbe se couvrait pendant la nuit d'une
abondante rosée. Un pieu planté en terre, muni à sa partie supérieure d'une bougie, tenait

9

lieu de lampadaire et assurait un éclairage suf-
fisant.

Dresser une tente, disposer les piquets, tendre les cordes convenablement, garnir la partie
inférieure de mottes de gazon pour prévenir les
courants d'air et augmenter la stabilité du fra-
gile édifice, faire les rigoles d'écoulement pour
les eaux, tout cela n'était plus qu'un jeu pour
nous.

Quand, par un beau soleil, nous regardions
nos petites maisons de toile, nous ne trouvions
rien qui pût leur être comparé. Je me rappelle
le dédain avec lequel Durand traita une troupe
de voyageurs, allant d'Espagne en France, qui
passa devant notre campement sans témoigner
une vive surprise ni une grande admiration.

On poussa même la recherche jusqu'à faire
venir toutes les provisions de Pau, d'où elles
nous étaient expédiées avec une aimable sollici-
tude par M^me d'Auribeau, qui, de loin, veillait
sans cesse à notre bien-être. Aussi avions-nous
une table irréprochable, d'excellents vins, du
thé et du café en permanence.

Il eût été ridicule de se plaindre d'être trop
bien, et pourtant les vagabonds de mon espèce

étaient presque tentés de le faire. Ils songeaient, non sans un certain regret, au laisser-aller des premiers temps, à la vivacité des émotions d'une vie nouvelle, alors que les montagnes nous paraissaient plus hautes et plus imposantes, car l'habitude de les voir semblait en avoir diminué les proportions.

Les battues que nous faisions nous étaient devenues familières. Nous commencions à nous blaser sur les incidents qui se renouvelaient sans grande variété. A l'ardeur de nos débuts succédait une certaine langueur que personne n'osait avouer, mais qui fit saisir avec empressement l'occasion qui se présenta d'accorder une trêve aux isards pour aller attaquer un autre animal plus rare et moins inoffensif.

Les ours ne sont pas nombreux dans les Pyrénées, quoiqu'il y en ait toujours quelques-uns cachés au fond des grandes forêts, loin des centres habités.

On nous signala les méfaits de l'un d'eux, sur les troupeaux de brebis qui commençaient à se répandre dans les hauts pâturages. Il avait établi son quartier général dans une partie retirée du bois d'Anglus, à deux heures environ de notre campement. C'était nous traiter avec un sans-façon qui nous parut digne de tout châtiment, et nous étions bien décidés à lui faire payer cher son audace.

Nous partons donc pleins d'espoir pour cette battue d'un nouveau genre. Chemin faisant, les pasteurs nous montrent les brebis boiteuses, encore endolories, qu'ils sont parvenus à arracher de ses pattes, et aussi les restes de celles qu'il a dévorées; ils nous affirment en outre qu'il passe ses journées dans le bois voisin à méditer de nouveaux méfaits.

L'ours des Pyrénées, sans être d'une grande taille, est très-vigoureux, très-alerte, et devient redoutable quand la blessure qui lui est faite ne l'abat pas sur place.

Tous nous connaissions ces détails, et, au moment de nous séparer pour gagner nos postes, nous nous étions dit adieu avec une certaine solennité burlesque, simulant une émotion que nous n'éprouvions guère.

Cependant, par précaution, les postes furent doublés, c'est-à-dire qu'on s'y mit deux ensemble. Espacés à peu de distance les uns des

autres, nous pouvions nous venir en aide réci-
proquement s'il y avait lieu. Quoiqu'abrités
derrière de gros troncs de sapins ou derrière
quelque rocher, l'on nous recommanda en outre
de ne tirer que si nous nous sentions bien
maîtres de nous, et à peu près certains de frap-
per l'animal à un endroit mortel.

Sous bois on ne voit qu'à une petite distance
devant soi; il faut donc rester bien attentif pour
ne pas se laisser surprendre.

J'étais, il me le semblait du moins, en bonne
disposition pour recevoir l'ours d'une manière
convenable.

Ces sortes de battues ont d'ailleurs un entrain
particulier. Les rabatteurs, après avoir atteint
l'extrémité de la forêt, qui s'étend sur les deux
versants d'un ravin peu profond, commencèrent,
tout en se rapprochant de nous, à pousser de
grands cris et à faire une abondante consom-
mation de poudre. Les ours aiment par-dessus
tout la solitude et le silence. Le bruit leur est
désagréable, et, pour s'y soustraire, ils abandonnent la forêt où l'on trouble leur repos.

Les coups de fusil se rapprochaient. Nous
étions toujours sur le qui-vive, prêts à couper

la retraite à l'ennemi. Mais le drôle ne voulut pas essuyer notre feu; il fut assez avisé pour s'en aller par l'endroit le moins bien gardé. Il passa à une quarantaine de mètres du vieux Lahorque, qui, n'ayant que des chevrotines dans son fusil, ne jugea pas prudent, à une telle distance, de le chatouiller avec du plomb trop menu.

Nul ne pouvait savoir l'endroit où il avait été chercher un nouveau refuge. Le coup était manqué, notre beau rêve évanoui.

Au lieu de rentrer au campement au milieu des chants de victoire, nous y arrivâmes l'oreille basse, espérant être plus heureux une autre fois.

D'Auribeau, plein d'enthousiasme pour l'étrange beauté des sites qu'il rencontrait à Olibon et dans ses environs, avait décidé un peintre de ses amis à l'accompagner; il comptait lui faire faire quelques tableaux d'après les études qu'il rapporterait.

Tous les hommes n'ont pas les mêmes goûts. Ce qui excitait notre enthousiasme laissait l'artiste assez froid. S'il trouvait aux rochers un grand caractère, et aux tons que revêtaient parfois les montagnes une finesse, une transparence admirables, la riche végétation de la plaine, ainsi que ses beaux arbres, lui manquaient au point de l'attrister sérieusement. Il n'avait pas en lui les cordes particulières qui vibrent à l'aspect d'une nature sévère et grandiose.

Il parvint néanmoins à peindre quelques jolies esquisses, et en aurait sans douter apporté une ample moisson, s'il n'eut entendu le récit de nôtre battue à l'ours. Depuis ce moment, son esprit troublé ne pouvait plus se concentrer sur son travail; il croyait toujours voir se dresser devant lui l'animal velu, et il appréhendait fort de le sentir sur ses épaules. Poursuivi par cette idée, incapable de la dominer, il dut plier bagage et abandonner la partie.

Un crâne humain que j'avais trouvé dans les environs contribua peut-être encore à augmenter ses craintes. Il s'éloigna donc avec joie d'un lieu hanté par les bêtes féroces, où l'on était en outre exposé, dans ses promenades, à heurter du pied des os de chrétien, gisant sans sépulture au milieu des pierres.

Ce crâne nous intriguait. Nos hommes, consultés sur cette découverte, ne savaient rien nous dire. Il était blanc comme la neige sous laquelle il avait séjourné pendant bien des hivers. Les belles dents qui restaient encore dans leurs alvéoles indiquaient un être saisi par la mort dans la force de la jeunesse. A quel accident ou à quel drame attribuer cette fin prématurée? Le champ restait ouvert à toutes les suppositions.

Les chasseurs d'isards, les contrebandiers, les carabineros, quelques pasteurs et de très-rares voyageurs fréquentent seuls le col de Bernère. Pendant l'hiver il est absolument impraticable, et ce n'est pas sans danger qu'on s'y hasarde aux approches des changements de saisons. Malheur à l'imprudent qui est surpris par la tourmente! il est perdu sans ressource; car les vents déchaînés fouettent en violentes rafales contre son visage une neige qui l'aveugle et lui fait perdre sa direction. Il ne sait plus où il va; il tombe dans des fondrières devenues invisibles, dont il ne se retire qu'avec peine. Le froid paralyse ses forces, qui s'épuisent bien vite, et, après une lutte désespérée, il ne tarde pas à s'endormir du sommeil éternel.

Avions-nous découvert les restes d'une de ces

victimes que font les éléments? On aurait pu le
supposer, car elles ne sont pas rares dans les
Pyrénées; mais un trou rond, de la grosseur
d'une balle, qu'on observait sur le crâne, près
de l'une des tempes, écartait cette hypothèse et
semblait indiquer une mort violente.

Dans ce milieu rude et sauvage, l'idée d'un
drame sanglant était fort naturelle, puisque l'on
sait que les contrebandiers et les carabineros
échangent souvent des coups de fusil. N'avons-
nous pas dit aussi que les pasteurs espagnols et
français cherchèrent pendant longtemps à main-
tenir, les armes à la main, leurs droits ou leurs
empiétements?

Quoi qu'il en soit, le docteur Daran, en sa
qualité de médecin, recueillit cette triste épave,
qui lui rappellera et nos beaux jours passés à la
montagne, et la fragilité humaine, ce sujet in-
tarissable de sérieuses méditations.

J'ai parlé du soin avec lequel nous avions ins-
tallé nos tentes. Toutes ces minutieuses précautions étaient comme un pressentiment de ce qui
nous attendait. En effet, un violent orage éclata
un soir après notre retour au campement. Pendant dix-sept heures consécutives la pluie et la

grêle ne cessèrent de tomber en abondance. La foudre grondait sans interruption : on entendait les éclats du tonnerre au-dessus de nos têtes, au fond des vallées que nous dominions ; c'était tout autour de nous un vacarme infernal. Le vent secouait nos tentes avec violence ; on pouvait croire à chaque instant que les piquets, plantés dans un sol détrempé, ne résisteraient pas à la prochaine bourrasque, et que notre frêle abri s'affaisserait sur nous. L'eau pénétra chez d'Auribeau (chez lui seulement), et il dut passer la nuit un parapluie à la main.

J'avoue que, pour mon compte, je me sentais heureux au milieu des éléments déchaînés ; les convulsions de la nature me causent une sorte de volupté parfois âpre et nerveuse, mais pleine de charme. Alors je ne songeais qu'au plaisir d'entendre à couvert cette formidable symphonie. Longtemps je l'écoutai, mais le sommeil s'empara de moi et me la fit oublier. Je ne m'en serais plus aperçu, si quelques coups de tonnerre plus terribles que les autres ne me l'eussent rappelée. Réveillé un instant, je changeais de côté et me rendormais aussitôt. L'orage semblait me bercer doucement.

Le jour venu, en passant la tête hors de nos tentes nous vîmes le sol presque entièrement recouvert par les grêlons tombés pendant la nuit. Ils formaient une couche assez épaisse pour blanchir la terre, mais ils ne tardèrent pas à fondre aux premiers rayons du soleil.

L'orage entièrement dissipé, nous partîmes pour une de nos battues favorites, celle de la Pourtas. Les bons postes étaient au haut d'une arête assez escarpée, au pied de laquelle, dans un endroit relativement en plaine, des tireurs de seconde ligne avaient encore des espérances de succès.

Manescau s'était fait porter jusque-là par son intrépide mulet, dont le goût pour la réglisse s'accentuait de plus en plus.

Manolo, qui grillait d'envie de tuer un isard, grimpa, non sans peine avec nous. On le plaça à l'endroit considéré comme le plus favorable pour satisfaire son désir, et, s'il n'eut pas encore de chance, il ne dut s'en prendre qu'à lui-même, car une belle bande d'isards passa à peu de distance de lui.

La battue terminée, il devait descendre par une pente fort rapide où il n'y avait, au milieu d'espèces de gradins naturels, que d'étroits espaces pour y poser les pieds. Un faux pas aurait eu de funestes conséquences. Il fallait concentrer toute son attention sur les saillies de rochers qui offraient de solides points d'appui.

Au lieu de cela, Manolo laissa errer ses regards au loin devant lui, et, n'y voyant que le vide, il en fut ému, s'arrêta court, et avec un accent étranger très-prononcé, il s'écria : « Oh ! Manescau, que je voudrais t'embrasser ! » indiquant ainsi son désir ardent d'être dans un lieu plus sûr. Puis, s'adressant à d'Auribeau qu'il venait d'apercevoir : « Adieu, dit-il, adieu, d'Auribeau, jusqu'à ce que l'ange de la trompette *sonnera.* » Il croyait sa dernière heure venue et songeait déjà au grand jour de la résurrection générale.

On l'entoura, on le calma, et avec de grandes précautions on parvint à lui faire franchir ce passage, qui dans les premiers temps nous avait aussi paru difficile, mais qui nous était devenu familier au point de n'en plus tenir aucun compte. Tout n'est-il pas affaire d'habitude dans ce bas monde ?

On connaît l'insuccès de notre première

chasse à l'ours. Nous espérions pourtant encore
tuer cet animal, goûter à sa chair et rapporter
sa peau.

Souvent on nous avait affirmé que la forêt
d'Arajuz renfermait des chevreuils, des loups,
des isards, des ours enfin. Au dire de ceux qui
nous en parlaient, c'était une vraie terre promise
pour le chasseur. Je croyais peu à tant de mer-
veilles, mais, en voyant la forêt à mes pieds du
haut des flancs du Bizaouri, j'avais toujours eu
grande envie de pénétrer dans ces sombres profondeurs.

Nous fîmes venir du village d'Arajuez, situé
à peu de distance de la forêt, un Aragonais qui,
disait-on, en connaissait tous les mystères. Un
ours tiré par lui, et qu'il croyait mort, put encore,
au moment où il s'en approchait, trouver assez
de force pour lui broyer un pied, qu'on avait dû
couper ensuite.

Cet homme, petit de taille, d'une physiono-
mie vive et intelligente, s'était fait lui-même une
jambe de bois, et il continuait à courir la montagne avec une agilité surprenante.

Séduits par tout ce qu'il ajouta à ce que l'on
nous avait déjà dit, nous résolûmes de tenter

l'aventure, et nous partîmes pour cette nouvelle expédition.

Il fallait trois ou quatre heures de marche pour arriver sur le terrain de chasse. La journée devait être fatigante ; il était donc sage, pour ne pas prendre une peine inutile, de réunir le plus de chances possibles de succès. Aussi envoya-t-on Lapassade, un de nos rabatteurs, du village de Lescun jusque chez lui, chercher des chiens courants qui devaient fournir un excellent appoint pour mieux battre le bois.

Il partit justement le jour du grand orage dont j'ai parlé, marcha toute la nuit sous la pluie au milieu de la tempête, et revînt sans prendre de repos avec ses chiens, qui donnaient, assurait-il, sur toutes espèces de gibier.

Lapassade avait eu dans son enfance le bout de l'orteil coupé. Cet accident lui valut plus tard d'être déclaré impropre au service militaire. On le regardait comme incapable de faire de longues étapes, et cependant j'ai rencontré peu de marcheurs plus intrépides que lui.

L'officier espagnol qui commandait la brigade de carabineros de garde dans nos environs nous promit en outre le concours de ses hommes.

Grâce à ces dispositions, Darralde croyait le succès de la journée assuré et nous faisait partager ses espérances.

Lamazou et les siens ne connaissant pas cette contrée, ce fut l'Aragonais tueur d'ours, le Cojo, comme on l'appelait, qui prit la haute direction de cette battue.

En nous conduisant aux différents postes que nous devions occuper, il nous donna maintes preuves de son étonnante adresse, car la forêt d'Arajuez s'étend sur des terrains excessivement tourmentés. On y trouve à chaque pas des crevasses profondes, des escarpements à pic, d'étroites corniches, en un mot toûtes les difficultés que la nature se plaît parfois à accumuler.

Le Cojo semblait avoir des ailes. Nous précédant toujours, on le voyait souvent obligé de nous attendre. Planté alors sur sa jambe de bois, une main passée dans sa large ceinture violette, il nous regardait avec ses petits yeux vifs, et sur sa mine futée on croyait lire la surprise que lui causaient la lenteur de notre marche et les précautions que nous prenions pour bïen assurer nos pas.

Nous occupions tous nos postes depuis quel-

que temps quand on commença la battue. J'é-
tais avec Darralde.

Bien cachés au milieu de grosses touffes de
buis, nous pensions être dans un endroit admirable où nous devions faire merveille. Nous regardions de tous nos yeux, nous écoutions de
toutes nos oreilles ; mais, à l'exception des cris
de nos hommes et des coups de fusil qu'ils tiraient, aucun autre bruit, aucun frémissement
dans le feuillage ne troublait le silence des bois.
Une ou deux palombes passèrent à tire-d'aile
non loin de nous ; mais ni ours, ni chevreuil, ni
loup ne se montra ; la forêt semblait vide de gibier. Au dernier moment cependant j'entrevis
la tête d'un isard, mais l'apparition fut si rapide que je n'eus pas le temps de le mettre en
joue.

Nous allions quitter la forêt fort désappointés,
quand la voix des chiens, indiquant un à-vue,
ranime nos espérances, et bientôt un isard passe
à 15 mètres de Darralde, qui le tire et le tue.

C'était un magnifique animal, un vieux mâle,
un solitaire, le plus beau, le plus grand de tous
ceux que nous avions vus jusqu'alors. Il méritait, et il eut les honneurs de l'empaillement,

et j'ai souvent le plaisir de regarder sa belle tête.

Nous comptions sur une plus brillante réussite; mais nous ne devions pas nous plaindre, car il nous était arrivé parfois de prendre autant de peine et de ne rien rapporter. Une pluie fine et pénétrante ne cessa de tomber pendant le trajet du retour au campement; mais ce désagrément, auquel on doit toujours s'attendre, était bien compensé par le plaisir d'avoir réalisé le désir que je nourrissais depuis longtemps de parcourir la forêt d'Arajuez.

L'officier espagnol avait mis tant de bonne grâce à nous être agréable que, pour lui témoigner notre reconnaissance, nous l'engageâmes à dîner, lui et ses hommes. Il accepta, et vint un soir nous retrouver à la tête de son escouade.

Notre accueil fut naturellement plein de cordialité. L'officier reçut nos politesses avec l'aimable dignité d'un véritable hidalgo; mais les carabineros, beaucoup plus expansifs, fraternisèrent bientôt avec nos traqueurs. Après de copieuses libations, chants et fandangos se mêlèrent et se succédèrent avec un entrain tout espagnol. Parfois ils s'interrompaient tout à coup

pour crier : « Biba il Gobernador ! Biba Can-
robert ! » Nous n'avons jamais su pourquoi le
nom de ce maréchal était si populaire parmi
eux, mais cette naïve manifestation de leur joie
nous amusait beaucoup. Certes ! dans ces moments de liesse il n'y avait plus pour eux de
Pyrénées, bien que nous fussions campés à
près de 2,000 mètres d'altitude.

La fête se prolongea bien avant dans la nuit,
et lorsque, fatigués de plaisir, ils durent songer
au repos, s'enveloppant de leurs manteaux et
s'étendant sur la terre, ils s'endormirent tranquillement à la belle étoile.

Le mauvais temps qui nous contraria, nos
deux battues à l'ours, le nombre peut-être
moindre des isards, éloignés de ces parages par
nos chasses successives, ou d'autres causes encore que j'ignore, tout cela fit que cette année-
là le nombre de nos victimes se réduisit à neuf.

Nous avions successivement exploré tous les
environs, passé et repassé si souvent par les
mêmes sentiers, sur les mêmes talus, au milieu
des mêmes pierrailles, qu'Olibon et tout ce qui
l'entoure n'avaient plus pour nous le moindre
mystère. Nulle surprise, nul imprévu désor-

mais. Aussi fut-il résolu, en nous retirant, d'aller l'année suivante planter nos tentes ailleurs pour explorer d'autres contrées.

Dois-je revoir le plateau d'Olibon et les grands rochers qui l'entourent? Je l'ignore. Mais j'y retourne souvent par la pensée, car je compte au nombre des meilleurs jours de ma vie ceux que j'y ai passés au milieu de mes aimables compagnons.

## 1869

Une légende du pays basque. — Campement dans la forêt d'Ossa.
— Sinistres rumeurs. — Succès inespéré au Castillo de la
Cher. — Illuminations. — Les contrebandiers. — Les isards
fous d'amour. — La tombola.

EUREUX les esprits que l'espérance
n'abandonne jamais; ils ignorent les
vains regrets, et le meilleur de leur
vie s'écoule à faire et refaire des projets renversés par des événements imprévus. Plus heureux
encore ceux qui sortent retrempés et non abattus
par les épreuves qu'ils ont eues à subir. Ces maxi-
mes pleines de sagesse et de philosophie sont
plus aisées à formuler qu'à mettre en pratique,
et je ne sais jusqu'à quel point elles ont été suivies par mes compagnons de chasse quand ils
ont dû, en 1868, renoncer comme moi à partir
pour la montagne.

En quittant le plateau d'Olibon, où, pendant

quatre années consécutives, nous avions mené
avec bonheur la vie que j'ai cherché à esquisser
dans les pages précédentes, nous nous étions
promis, on se le rappelle, d'aller l'année suivante dans d'autres parages ; mais, poursuivis
les uns et les autres par un destin contraire,
tout notre élan avait été invinciblement para-
lysé. Darralde seul fut épargné, et seul il partit
pour explorer une contrée inconnue de nous
tous.

Cette tentative hardie lui réussit assez bien
pour l'enflammer du désir de recommencer la
même expédition dans de meilleures conditions
de succès, c'est-à-dire avec un personnel plus
nombreux que celui dont il avait disposé.

Il voulut entraîner à sa suite toute l'ancienne
phalange d'Olibon, mais nous fûmes, Durand
et moi, les seuls qui se joignirent à lui. D'Auribeau aurait quitté avec plaisir sa préfecture
pour venir nous retrouver, si la gravité des événements politiques lui eût permis de s'éloigner
d'Amiens, où il avait été appelé. Manescau eut
un moment de faiblesse, qui nous priva, à notre
grand regret, d'un gai compagnon. Deux re-
crues, Ferdinand Carrère et un jeune officier

de cavalerie, remplacèrent les déserteurs et complétèrent notre petite bande.

Le 15 juillet 1869 nous nous réunissions à Oleron pour nous acheminer tous ensemble vers la forêt d'Ossa, située sur le versant méridional des Pyrénées, dans la province de Huesca, dépendante de la capitainerie-générale d'Aragon.

Au lieu de remonter le gave d'Aspe presque jusqu'à sa source, comme nous l'avions fait précédemment, nous quittions et ses rives et la route impériale à l'endroit où s'embranche sur elle le chemin de Lescun.

Le soleil n'avait point encore touché le fond de la vallée que nous trouvions au lieu désigné les hommes, les femmes, les chevaux, les mulets et les ânes avec lesquels nous et nos bagages nous devions gagner notre campement.

Nous comptions trouver beaucoup de chevreuils dans la forêt ; pour les chasser, Darralde et Carrère emmenaient leurs chiens courants escortés de leurs piqueurs respectifs. Un cuisinier, un homme de peine et huit de nos anciens rabatteurs, les plus intrépides de tous, complétaient notre personnel.

Je revis avec un plaisir infini tous ces braves
gens qui s'étaient rendus avec empressement à
notre appel, et complimentai chaudement Lamazou de Borce de ses récentes prouesses, car
au commencement du printemps il avait eu le
bonheur d'abattre son neuvième ours. Tentes,
effets divers, provisions de bouche furent bientôt chargés, et notre caravane ne tarda pas à
s'allonger sur les sentiers de la montagne, bor-
dés en cet endroit de beaux arbres et de cultures
soignées.

Un peu avant d'arriver à Lescun, on découvre
la cime aiguë et conique du pic d'Anie, appelé
par les Basques *ahuña mendi* (la montagne des
isards). Ce pic, qui domine une partie du pays
occupé par ce peuple primitif, se couvre chaque hiver de neiges que les chaleurs de l'été ne
fondent qu'imparfaitement; de là sans doute
l'origine d'une de leurs gracieuses légendes.
Les anciens content en effet que la fée *Maithe-
garria* (la fée aimable et bonne) habitait, au
sommet de la montagne, un palais d'argent tout
resplendissant d'éclat, et ne sortait de sa de-
meure que pour féconder la nature et faire
croître les moissons.

Les prairies, les champs de blé et de maïs divisent comme les cases d'un damier les flancs des coteaux qui entourent le village de Lescun. Il est situé à la limite de la végétation des céréales, car il suffit, en le quittant, de s'élever de quelques dizaines de mètres pour trouver les sapins et les hêtres.

Toute la population, mise en émoi à notre approche, nous regardait défiler avec étonnement. Après une courte halte chez le maire, qui voulait bien se charger, pendant quelques jours, d'être notre intermédiaire avec le monde civilisé, nous nous remettions en route, emportant à nos chapeaux ou à nos boutonnières les roses dont nous avait gratifiés l'amabilité de madame la mairesse.

Rappelons en passant que les anciens du village parlent encore avec orgueil, à la veillée, d'un beau fait d'armes accompli en 1794 par les volontaires béarnais de la vallée d'Aspe, unis aux gens de Lescun. Commandés par Laclède de Bedous, ils repoussèrent 6,000 Espagnols qui venaient envahir le village. La riche imagination des méridionaux sait peindre ces combats avec des couleurs qui entretiennent

parmi eux une grande animosité contre leurs
voisins d'Espagne.

Nous atteignîmes sans encombre le col
d'Écho, laissant sur notre droite la Table des
trois Rois, montagne ainsi nommée parce qu'elle
sert de limite à la France, l'Aragon et la Na-
varre. Après avoir franchi la frontière, nous
parvînmes, par une longue descente assez difficile, à la Mine, sorte d'auberge à l'ancienne
mode espagnole, où l'hôte, le beau Mathias,
n'a guère à offrir aux voyageurs ou aux contrebandiers qui viennent se reposer chez lui que
les quatre murs de sa pauvre baraque, triste
abri que l'on est heureux de trouver cependant,
quand sévit la tourmente.

Mathias a près de lui sa nièce, *doncella* dont
le joli et frais visage réjouirait les yeux, si l'on
n'avait le cœur ému de tristesse en songeant
qu'un voile épais obscurcit souvent la raison de
cette pauvre fille.

La Mine est sur la lisière de la forêt que nous
allions explorer, et en poursuivant notre route
nous admirions, à chaque pas, les sapins séculaires que nous rencontrions; ils atteignent des
proportions gigantesques et se dressent comme

d'immenses colonnes ornées de branches et de feuillages.

Du pont de Lescun jusqu'au lieu du campement, nous avions cheminé près de sept heures. Pendant ce long trajet la bonne humeur des filles qui guidaient nos mulets ne s'était pas ralentie un seul instant. Ces jeunes et vigoureuses montagnardes ont la répartie vive, facile; mais pour les mettre en belle humeur, voir leurs dents blanches et bien rangées, il faut leur parler le patois gascon, car elles ne comprennent que quelques mots de français.

Il serait impossible d'imaginer rien de plus pittoresque ni de plus grandiose que le pays au milieu duquel nous allions camper. Un affluent du rio Aragon coule au fond d'un vaste amphithéâtre de plusieurs kilomètres de diamètre; sur ses deux rives s'étendent de gras pâturages en pentes légèrement inclinées; çà et là, comme pour les embellir, la nature a disséminé des groupes de pins, de sapins et de hêtres, des bouquets de houx, de buis et d'églantiers, alors en pleine floraison; le tout est si heureusement disposé qu'on est tenté d'y voir les savantes combinaisons du plus habile dessinateur de

parc. Une large et épaisse ceinture de bois s'é-
tend sur les flancs des montagnes. Au-dessus
de la forêt, des terres et des rochers d'un rouge
intense sont couronnés par d'immenses escarpements de calcaire blanc, désignés sous les
noms de Castillo de la Cher, la montagne du
Secours, Peña fourque, et autres encore. Nous
comptions bientôt les aborder afin d'attaquer
les isards qui s'y abritent.

Nous dressons nos tentes à l'ombre des
grands arbres, près d'une clairière, à quelques
mètres au-dessus du lit du torrent, non loin d'un
ruisseau aux eaux pures, fraîches et limpides.
La cuisine est construite avec de grosses pierres.
On abat des arbres entiers pour alimenter le feu ;
deux ou trois heures après notre arrivée un
ordre relatif régnait dans notre camp : nous
avions complété nos petits aménagements intérieurs, attaché les chiens au piquet ainsi que les
poulets, dont nous avions fait provision pour attendre le moment où nous pourrions vivre de
notre chasse.

Jusque là tout allait pour le mieux, mais nous
n'étions pas absolument rassurés sur le lendemain. L'année précédente une grande révolu-

tion avait éclaté en Espagne. La reine Isabelle, la dernière des Bourbons couronnés, expulsée de son royaume, s'était réfugiée en France. Au milieu de tous les partis qui minaient un gouvernement mal assis, les carlistes s'agitaient pour tenter un nouvel effort. A Bayonne et à Saint-Jean-de-Luz on ne parlait que de leurs conspirations, et l'on s'attendait d'un jour à l'autre à voir leurs bandes envahir la frontière. En entrant en Espagne dans de telles circonstances, quel accueil allions-nous y recevoir? Nous étions dix-sept, tous armés, allait-on nous prendre pour l'avant-garde d'une troupe plus nombreuse? Les autorités voisines, trompées par de faux rapports, se croiraient-elles sérieusement menacées? Les escouades des carabineros, qui sont sans cesse en mouvement dans ces montagnes, nous laisseraient-elles chasser en paix? Pour dissiper les craintes que nous pouvions inspirer et nous rassurer nous-mêmes, nous avions une lettre du maréchal Prim et une autre de Son Excellence le ministre de l'intérieur, Monsieur Sagasta. Toutes deux nous autorisaient à chasser dans les montagnes d'Aragon, et portaient en outre que le gouverneur de la

province serait prévenu de notre arrivée. Cette
attention, négligée momentanément, faillit nous
attirer bien des ennuis. Quant aux carlistes, s'ils
se montraient, ce qui n'était pas probable, car ils
manquent d'appui en Aragon, nous comptions
sur un peu de diplomatie pour en faire des amis.

Nous étions à l'époque de l'année où les
troupeaux de moutons, de vaches, de bœufs et
de taureaux envahissent la montagne. Plusieurs
des bergers qui les guident vinrent voir notre
campement; on les fit causer. Les uns nous
confirmaient la présence dans les environs
d'une bande de voleurs dont on nous avait déjà
parlé, les autres nous montraient les quartiers
de la forêt hantés de préférence par les ours. Le
soir, à la tombée de la nuit, plusieurs coups de
fusil furent entendus; qui avait pu les tirer? Les
carlistes, les carabineros, les contrebandiers ou
les voleurs? Une certaine inquiétude se peignait
sur les traits de celui d'entre nous qui n'avait
jamais connu que la vie régulière du foyer domestique, et divertissait fort les vieux praticiens
de situations analogues; avouons même que
ces derniers prenaient un malin plaisir à expliquer de la façon la plus sinistre tout ce qui sur-

venait d'insolite. Les chiens hurlaient-ils, l'ours
approchait ; un pasteur disparaissait-il dans l'é-
paisseur du fourré, c'était un des bandits qui
allait chercher ses complices ; aux coups de feu
qui retentissaient, la bande entière approchait ;
ajoutez à ces sujets d'émotion les taureaux de
combat qui passaient à quelques pas des tentes, les mouches charbonneuses qui bourdon-
naient à nos oreilles, les scorpions que l'on
trouvait ou que l'on aurait pu trouver, les in-
sectes qui nous piquaient bel et bien, et repré-
sentez-vous la figure d'un honnête et paisible
bourgeois tombé dans un pareil guêpier.

La nuit, malgré tout, s'écoula paisiblement,
et dès le matin on partit pour la chasse. Il fallait
des chevreuils pour nous nourrir nous et notre
monde. On battit en vain les environs ; les
chiens donnèrent des voix sur de vieilles pistes
qu'ils perdaient aussitôt, et la journée s'écoula
sans fournir à personne l'occasion de tirer un
coup de fusil : nous avions fait buisson creux.

La figure de Darralde, le promoteur de l'expédition, s'assombrissait, d'autant plus que nous
ne recevions pas des renseignements de nature
à ranimer ses espérances et les nôtres. En effet,

nous apprenions que, pendant l'hiver, le beau
Mathias, l'homme de la Mine, avait tué dix-huit
chevreuils en les suivant à la piste sur la neige.
En restait-il encore après une pareille destruction? Un autre désappointement s'ajoutait à l'insuccès de la chasse. Les truites, très-abondan-
tes dans le Gave l'année précédente, avaient
péri, disait-on, à la suite de crues considérables
dues à un dégel trop subit; le fait est qu'on es-
saya inutilement d'en pêcher quelques-unes.

Nos traqueurs de deux villages différents se
partageaient en deux camps, suivant leur origine, et la sourde rivalité qui couvait dans leurs
cœurs éclata à la suite de ce début peu encou-
rageant. Lapassade et Lamazou (un autre Lamazou que celui dont il a été si souvent question déjà), représentant seuls le clan de Lescun,
devaient tenir tête à tous les autres, gens d'Urdos, qui ne leur épargnaient ni les plaisanteries
ni les reproches. Pourquoi nous avaient-ils entraînés loin de Bernère, où l'on eût été certain
de réussir? Où étaient donc ces chevreuils, ces
isards, ces truites dont ils parlaient depuis si
longtemps? Ils se défendaient de leur mieux et
auraient pu dire avec raison : rira bien qui

rira le dernier; mais l'avenir était plein d'incer-
titude et ils n'osaient encore élever la voix.

Campés beaucoup plus bas qu'à Olibon, il fallait monter davantage et prendre plus de peine
pour atteindre les dernières hauteurs où se tiennent les isards; par contre il suffisait, pour ainsi
dire, de mettre les pieds hors de nos tentes pour
trouver des chevreuils. En faisant alterner ces
deux chasses nous nous reposions de l'une par
l'autre; mais cette heureuse combinaison devenait illusoire si les chevreuils avaient disparu.

Le Castillo de la Cher, une des plus hautes
montagnes parmi celles qui nous entouraient, a
une forme très-particulière : elle se dresse
comme un cône tronqué terminé par une puis-
sante assise de calcaire, qui n'offre de tous côtés
que des escarpements verticaux. Cinq ou six
cheminées difficiles d'accès, creusées par le
temps dans cette espèce de mur plus que cyclo-
péen, permettent d'atteindre son sommet, dont
l'intérieur d'un livre ouvert posé de travers sur
un pupitre peut donner une idée assez exacte.
Cette forteresse naturelle doit avoir, je me l'i-
magine du moins, quelque analogie avec celle
de Magdala, où l'orgueil présomptueux de l'em-

13

pereur Théodoros crut pouvoir braver avec sé-
curité les colères de l'Angleterre. Dans ce vaste
espace, recouvert par places de grandes taches
de neige, il pousse certaines herbes très-appré-
ciées des isards, puisqu'ils viennent souvent les
brouter. Mais, guidés par l'instinct de la conser-
vation, comprenant combien il est facile de leur
couper toute retraite, ils ne se livrent que de
nuit à ces dangereux festins ; ils vont, aux premières lueurs du jour, chercher des abris plus
sûrs. Il fallait donc occuper avant l'aube les
seuls passages par lesquels ils pouvaient fuir,
et l'on décida de se mettre en route à minuit.
Mais je laissai cheminer mes compagnons au
milieu des ténèbres ; j'étais alors légèrement in-
disposé, et peu édifié en outre sur ce que valait
une de mes jambes, qu'un grave accident avait
mise hors de service pendant bien des mois. Je
ne voulais pas, dès le début de l'expédition, lui
demander plus qu'elle ne pouvait donner, et
comprometttre ainsi le reste de la campagne.

A la pointe du jour, cependant, j'enfourche
l'ancien et intrépide mulet de Manescau, dont,
à défaut du maître, nous n'avions pas voulu
nous séparer, et me dirige vers une source dési-

gnée comme le lieu du rendez-vous. Là, tout en
attaquant le déjeuner que je devais apporter,
j'entendrais les détails de l'expédition. Chemin
faisant, je songeais à mes compagnons, à la sa-
vante combinaison de leur plan de campagne,
aux dures fatigues de leur longue marche nocturne, et certes j'aurais dû, dans mon for intérieur, leur souhaiter un succès éclatant ; mais,
resté fidèle au parti des isards, n'était-ce pas
trahir une vieille amitié que faire des vœux
contre eux. Faux frère ou faux ami, telle était
la triste alternative où me plaçait une sorte de
fatalité. Tout en admirant les beaux arbres de
la forêt, les ravins profonds et les grands hori-
zons qui s'étendaient à mesure que je m'élevais,
je méditai longtemps sur le grave sujet qui me
préoccupait, puis, par un retour vers des idées
chères aux Orientaux : *Inch Allah!* m'écriai-je
pour conclure : Que la destinée s'accomplisse !

J'approchais du lieu du rendez-vous, quand
j'entendis plusieurs coups de feu ; les isards,
pour leur malheur, s'étaient laissés surprendre.
Une fois réunis, je sus qu'on avait occupé, suivant le plan arrêté à l'avance, les diverses cheminées du Castillo de la Cher. Une seule, la plus

importante, la plus fréquentée, mais d'un accès plus difficile que les autres, restait encore à garder; Darralde s'y rendit avec Lamazou II, celui de Lescun. A peine paraît-il que chacun, quittant la roche qui le cache, se montre à découvert, contre toutes les règles et toutes les habitudes suivies dans ce genre de chasse. Vingt-sept isards, enveloppés de toutes parts, semblent désormais à la merci des chasseurs. Nos hommes, animés par le succès, deviennent railleurs et provoquants. Ils sifflent comme des bergers qui appellent leurs troupeaux, s'adressent aux isards et leur disent : « Allons, camarades, la danse va commencer. Préparez-vous, les enfants. Sautez, cabriolez tant que vous voudrez, nous vous tenons maintenant. » Les pauvres animaux vont d'abord se réfugier sur le point culminant du plateau, mais, délogés de leur poste d'observation, ils sont accueillis à coups de fusil à la première brèche où ils se présentent; ils ne sont pas plus heureux à une seconde; ils arrivent à Darralde, qui fait un coup double, s'éloignent encore, foncent enfin sur un tireur et s'échappent après avoir perdu encore un des leurs, frappé à mort. Cette expédition

matinale nous valait quatre isards, sans parler
des blessés, qu'on ne put retrouver. La disposition des lieux est telle au Castillo de la Cher
qu'en occupant solidement les postes il suffirait
d'un seul chien pour forcer les isards qu'on y
surprendrait. Forcer des isards! jamais pareille
chose ne s'est vue; mais elle se verra peut-être.

La journée commençait trop bien pour ne
pas tenter encore la fortune.

Le mulet de Manescau partit pour le campement, chargé de nos quatre victimes. Depuis
le temps où il portait son illustre maître, jamais
son échine n'avait plié sous un plus noble far-
deau.

La battue s'organise, on se dirige vers les
postes; mais Carrère trouve souvent la montagne trop escarpée, et l'on doit lui venir en
aide. L'officier a un accès de vertige, le vide
l'attire; il lutte en vain contre cette inexpli-
cable sensation, il réclame du secours, et si l'on
n'était pas arrivé à temps auprès de lui, nous
aurions eu sans doute un malheur à déplorer.

En élevant avec précaution la tête au-dessus
du col que nous devons garder, nous voyons
à une grande distance, au pied même des

énormes rochers à pic du Castillo de la Cher, à quelques centaines de pieds au-dessous du plateau où le matin même la fusillade avait été si meurtrière, nous voyons, dis-je, les huit isards que l'on espérait rabattre. Nous nous postons pleins d'espoir. L'attente ne fut pas longue. Darralde, Durand et moi nous tuons chacun le nôtre. Trois autres tombent également pour ne plus se relever. Quel total! Dix isards dans une seule journée! Aux époques lointaines des temps héroïques on a fait de pareilles chasses. Aujourd'hui encore, dans les réserves des rois ou des empereurs, on abat plus de gibier; mais un pareil succès semblera fabuleux à ceux qui ne connaissent que le versant français des Pyrénées.

Le soir de ce jour mémorable notre camp offrait un singulier aspect. Nos hommes avaient réuni une ample provision de bois de tède, sorte de pin, dont la partie inférieure du tronc, ainsi que les grosses racines, sont fortement imprégnées de résine. Il faut, pour se le procurer, couper l'arbre à la hache, près des racines, ou, moyen plus rapide, le faire sauter en employant la poudre. Dans les Landes et dans certaines

montagnes, les paysans éclairent leurs chau-
mières avec le tède, qu'ils divisent en petits
éclats afin de l'économiser. Pour nous, l'ayant
en abondance, nous ne l'épargnions guère. On
le brûlait en gros morceaux réunis en tas sur
des pierres plates, placées à la partie supérieure
de pieux plantés verticalement en terre, et on
obtenait ainsi une brillante illumination.

Le dessous du sombre dôme de verdure qui
nous abritait s'éclairait vivement alors; quelques visages, certains profils s'accentuaient fortement aux reflets de cette lumière rougeâtre.
Le reste n'offrait que des masses confuses, au
milieu desquelles on distinguait vaguement les
bizarres costumes dont nous étions affublés, les
bérets de nos Béarnais, les larges chapeaux
des pasteurs aragonais venus se chauffer à nos
feux de bivouac, nos isards suspendus aux
branches pour les dérober à la voracité des
chiens, puis enfin les troncs des sapins et des
hêtres, qui se prêtaient à toutes les illusions. Je
contemplais avec ravissement, de près ou à distance, cet étrange tableau embelli et complété
par la lune qui brillait au ciel, et dont les reflets
argentaient les eaux du torrent qui coulait près

de nous. Darralde nageait dans la joie, les gens de Lescun triomphaient et répétaient sans cesse : « A-t-on jamais vu pareille fête à Olibon? »

Il n'est si bons amis qui ne se quittent, disait le vieux roi Dagobert.... et comme les préceptes des anciens sont préceptes de sages, chacun, pour s'y conformer et prendre un peu de repos, se retira sous sa tente.

Les nuits étaient tièdes, on ne sentait nul vent, nulle brise même au milieu de la forêt qui nous enveloppait ; toutes les précautions que nous prenions autrefois pour nous garantir du froid et de l'humidité devenaient superflues ; le silence n'était troublé que par le murmure monotone du torrent, et à de longs intervalles par les aboiements des chiens. Aux approches du jour on entendait le gazouillement des oiseaux ; j'ai même reconnu le chant vibrant, sonore et mélodieux du rossignol qui se mêlait aux mugissements des vaches et des taureaux.

Généralement nous étions tous sur pied de bonne heure, et, tandis que la cuisine allumait ses feux, nous quittions nos tentes les uns après les autres pour gagner la rive du gave, où des rochers, couronnés d'arbres dont les branches

s'étendaient au-dessus de l'onde limpide, formaient un admirable cabinet de toilette. Les
nymphes et les dryades d'autrefois n'en ont jamais eu de plus charmant.

Le chevreuil est un gibier que nous avions
chassé trop souvent, Durand et moi, pour le
poursuivre avec passion. Nous laissions à
d'autres ce plaisir, et tandis que Durand pêchait
dans le torrent des truites délicieuses, car il en
restait encore, je me contentais de vagabon-
der au milieu des pâturages et à l'ombre des
grands arbres, pour jouir à ma fantaisie des
beautés grandioses de la nature qui m'entourait.

Vers le soir tout le monde rentra au campement où l'on parla des événements de la journée. Deux chevreuils avaient été tués, et, chose
plus intéressante, un ours avait été entrevu par
Darralde, salué d'une balle à grande distance
par un de nos hommes et tiré d'assez près
par un autre, mais avec du plomb qui s'arrêta sans doute dans son épaisse fourrure,
car il n'en tint aucun compte. Il est de ces
animaux dont la vitalité est telle qu'ils ne
sont tombés, m'a-t-on affirmé, qu'après avoir
reçu dix-huit balles. Les chiens, en rencon-

14

trant cette piste dont le fumet leur était in-
connu, partirent en donnant de la voix à pleine
gorge. Les piqueurs qui les appuyaient remar-
quèrent que le chien de Lamazou, un des meilleurs de la meute, se dirigea vers le campement
la queue basse aussitôt après avoir mis le nez à
terre : ce vieux praticien savait qu'il est dangereux d'approcher l'ours de trop près. Les autres
cessèrent bientôt de le chasser : une démonstra-
tion hostile ou peut-être un grognement de
mauvais augure avait suffi pour les mettre en
déroute.

Décidément la forêt d'Ossa (ours) méritait
toujours son nom. Les renseignements qui nous
avaient été donnés dès notre arrivée étaient
vrais, et les bergers ne se livraient pas à une
vaine fantasia en tirant chaque soir des coups
de fusil, comme nous l'avions remarqué. Ils
devaient réellement écarter de leurs troupeaux
un ennemi sérieux, en lui faisant entendre qu'ils
veillaient avec soin. Mais les isards nous trot-
taient encore dans la tête; nous avions trop bien
débuté, il fallait poursuivre notre veine, et l'on
n'attacha pas au fait que je viens de rapporter
toute l'attention qu'il méritait.

Le lendemain, pour gagner la Pena fourque, nous escaladons de nouveau la forêt. Nous atteignons les hauts pâturages qui la dominent; nous faisons une courte halte au milieu de grands troupeaux de moutons et de chèvres groupés d'une manière pittoresque au pied de rochers recouverts par places de quelques taches de neige. Les bergers calment de la voix leurs grands chiens, excités par notre approche, et viennent à nous. Leurs visages sont communs, mais ils ont tous, jeunes et vieux, une désinvolture remarquable aussitôt qu'à distance on les voit campés sur la hanche ou arc-boutés sur leur long bâton. On but du lait qui semblait délicieux. Carrère eut l'imprudence de ne pas savoir se modérer, et il s'en repentit. Le lait est dangereux; on doit s'en méfier quand on se rend au poste où presque toujours il fait trop chaud ou trop froid.

J'ai passé déjà bien des heures à guetter les isards, souvent l'attente m'a paru longue, mais jamais je n'ai senti aussi lourdement qu'alors le poids du temps. Rien à regarder que le ciel bleu, des pierres grises, un peu de neige et quelques escarpements de rochers. Le soleil devint vertical et brûlant, toute ombre disparut ; les heures s'écoulaient et les isards ne se montraient pas. La faim m'agaçait, l'immobilité m'agaçait, les rochers nus m'agaçaient. Une invincible torpeur m'envahissait par moments et j'éprouvais les plus fantasques hallucinations. N'était-ce pas acheter trop cher le plaisir éventuel de tirer un coup de fusil ? Bien des fois je jurai de ne plus m'exposer à un pareil ennui, mais on sait ce que valent de tels serments ; toute ma mauvaise humeur se dissipa bien vite en voyant les isards. Je ne pus les tirer, d'autres plus heureux que moi en couchèrent trois par terre. Au moment de battre en retraite, un bruit semblable aux roulements du tonnerre attira notre attention : il était dû à une belle avalanche, véritable cascade de neige qui, se détachant des cimes les plus élevées de la montagne, bondissait au milieu des grands rochers, dont elle entraînait bien des fragments dans sa chute.

Je ne saurais passer sous silence un incident qui faillit avoir un dénouement tragique. Une troupe de contrebandiers cherchait à pénétrer en Espagne. Les porteurs des ballots marchaient précédés de six hommes armés de fusils pour éviter plus sûrement toute indiscrétion de la part des douaniers. Les éclaireurs, en apercevant de loin les costumes sombres de nos hommes au milieu des escarpements de Pena fourque, les prennent pour des carabineros. Ils se croient poursuivis et donnent le signal d'alarme. L'un d'eux s'avance bravement vers Lapassade qui était le plus rapproché de lui. Il marche le fusil horizontal, prêt à le mettre à l'épaule. Ce mouvement hostile n'échappe pas à notre homme ; il se met sur la défensive et compte sur son adresse de chasseur pour prévenir son adversaire et lui envoyer une balle au moindre mouvement suspect. Aussi résolus l'un que l'autre, la distance qui les sépare diminue ; bientôt même ils se reconnaissent et se disent un bonjour amical. Ces deux hommes, prêts tout à l'heure à s'entre-tuer, étaient de vieilles connaissances. Les contrebandiers retournèrent à leurs ballots qu'à la première alerte ils avaient cachés de leur mieux, et nous les vîmes continuer leur route.

Un long séjour sur la frontière d'Espagne, mes courses fréquentes dans les Pyrénées m'ont mis à même de connaître différentes espèces de

contrebandiers ; tous ne portent pas la carabine sur l'épaule. En effet, les femmes, nées
presque toutes avec l'amour instinctif du fruit
défendu, recherchent les émotions que leur
donne la crainte d'être découvertes, lorsqu'elles passent frauduleusement des objets de
toilette, des cigares, voire même des pains de
sucre ou des pendules suspendus avec art sous
leurs jupons.

Parler des marins qui trompent, dans de légères embarcations, la vigilance des gardes-
côtes, m'entraînerait trop loin. Je dirai deux
mots seulement de certains industriels qui, sachant tirer parti des faiblesses humaines, pos-
sèdent le secret d'envoyer toujours les douaniers
se poster dans une direction opposée à celle où
doivent passer les objets qu'ils désirent dérober
à leurs regards. J'arrive enfin aux contrebandiers, qui ne savent, ne peuvent ou ne veulent
pas avoir recours à de pareils moyens. La pluie,
la neige, la tempête, le poids des charges, les
difficultés des chemins, les balles des douaniers,
rien ne les arrête. Ils bravent tout, le bagne et
même la potence, pour un modique salaire.
Ils marchent habituellement en bandes plus

ou moins nombreuses. Leurs chefs partagent leurs dangers et risquent en outre dans ces expéditions hasardeuses tout ou partie de leur fortune. J'ai vécu au milieu des bois, dans une intimité passagère avec un Aragonais, un vrai colosse, haut de six pieds, vigoureux en proportion de sa taille, soigné dans sa mise, beau de visage et d'humeur joviale. Nul, en le voyant, n'aurait certes supposé avoir affaire à un ex-condamné à mort, et cependant il ne s'était échappé qu'à grand peine des mains de la justice, à la suite d'une expédition fatale à quelques douaniers. Tout s'arrange avec le temps. Il vit tranquillement aujourd'hui dans son village, laissant à un de ses cousins, qu'il n'aide plus que de sa bourse et de ses conseils, le soin de courir les mêmes aventures. J'ai rencontré un jour ce même cousin en plein exercice de son rude métier. Au moment de mon arrivée au milieu de la bande qu'il commandait, les mulets de charge, de vigoureuses bêtes, cachés au plus épais de la forêt, mangeaient leur provende ; quelques hommes faisaient griller de la viande sur des restes de braise, d'autres fumaient des cigarettes, étendus sur le sol ou

drapés dans des *mantas* bariolées de vives couleurs. L'ombre des sapins et des hêtres enveloppait de mystère ces groupes pittoresques qui
attendaient la nuit, une nuit sans lune, pour
continuer leurs opérations. Les contrebandiers
m'offrirent l'excellent vin de leurs outres, et,
n'étant pas un étranger pour eux, je pus exa-
miner en détail leurs revolvers, leurs poignards,
leurs carabines et leurs cartouches à inflamma-
tion centrale, car ces gens-là profitent aussi des
progrès de la civilisation. Un de mes amis des-
sina l'un de ces gaillards, dont le costume, la
tournure, le visage, offraient un singulier mé-
lange de sauvagerie et d'audace, mais, un
camarade lui ayant dit que ce portrait pouvait, dans certaines circonstances, être produit
comme un dangereux témoignage, il le déchira
aussitôt. Cette remarque valait-elle le croquis ?
Oui et non.

La plupart de ces hommes, souvent terribles
au moment de l'action, sont, dans la vie ordinaire, fort honnêtes, et souvent doux comme
des agneaux. La guerre est déclarée entre eux
et les douaniers ; dans ce duel d'un genre particulier, ils luttent de ruse, d'adresse et de vi-

gueur. Si la male chance veut que mort s'en
suive, c'est un accident, leur honneur reste
aussi intact que celui du soldat. Je ne discute
pas cette manière de voir, je la constate. Sans
plus m'étendre sur ce sujet, j'ajouterai que,
pendant la nuit qui suivit la rencontre dont je
viens de parler, on entendit dans toute la forêt
des frôlements étranges et des bruits sourds de
pas qui n'arrivèrent point sans doute jusqu'aux
oreilles des carabiniers, car les contrebandiers
gagnèrent la grosse partie qu'ils risquaient, et
dont l'enjeu s'élevait pour eux à des sommes
considérables.

Le lendemain de notre course à Pena fourque
était jour de trève pour les isards, puisqu'on
courait le chevreuil. J'ai dit mon peu d'entraî-
nement pour cette chasse, que je n'abandonnais
pas entièrement, car elle me fournissait une
excellente occasion de parcourir la forêt, de la
voir sous ses différents aspects, et certes elle en
valait la peine. Ici des sapins géants, des hêtres
dont les tiges droites, effilées, supportaient une
coupole de verdure impénétrable aux rayons
du soleil; là, de jeunes arbres pressés, serrés
les uns contre les autres, pleins de vigueur et

d'avenir; plus loin, des branches et des racines entremêlées, formant un amas confus dû aux terribles ravages exercés par la tourmente. Les rois de la forêt, soulevés du sol et renversés, gisaient à terre pêle mêle dans un désordre affreux. Quelques troncs énormes, brisés par la moitié, étendaient encore sur leurs frères morts de longs bras décharnés. Tous ces cadavres, mutilés, enlacés, blanchis par le temps comme des squelettes, portaient un éloquent témoignage de la fureur des éléments. Quel sinistre fracas au moment où tous ces grands arbres cédèrent aux efforts réunis du vent et de la foudre! Quel ensemble de notes puissantes! Quel effroyable concert pour les hôtes sauvages de la forêt! Bientôt de nouveaux rejetons pousseront sur la place occupée aujourd'hui par ces vieux débris. Dans les bois, ainsi que dans l'humanité, les vides que fait la mort sont comblés sans retard par des êtres nouveaux. La nature ne se lasse pas de détruire et de reproduire, admirable cycle dont Dieu seul a le secret.

On aurait le temps de philosopher longuement lorsqu'on attend au poste, mais on est rarement d'humeur à s'abandonner aux sérieuses méditations; on prête involontairement l'oreille à tous les bruits. On espère, au milieu du tintement lointain des clochettes, du chant des oiseaux et du murmure des ruisseaux, entendre tout à coup la voix des chiens; mais, dans ce pays largement découpé, la chasse peut être vivement menée sans qu'on s'en doute le moins du monde, un pli de terrain suffit pour concentrer leurs aboiements dans un étroit vallon.

Déjà saturé des monotones harmonies qui règnent dans les grands bois, me rappelant les heures fastidieuses de la veille, je m'étais muni, pour passer plus facilement le temps, d'un album et d'un crayon. Assis au pied d'un gros sapin, qui couronnait des rochers à pic, je me trouvais adossé à un précipice au fond duquel coulait un mince filet d'eau. Des bois épais obstruaient la vue à quelques pas devant moi, tandis que sur ma droite de rares arbustes laissaient à découvert un espace de 50 à 60 mètres. Ce poste, bien ombragé, me plaisait; je comptais y passer le temps sans trop me préoccuper de la chasse, aussi avais-je posé à terre mon fusil, mais bien à portée, pour m'en saisir facilement au besoin. Il faisait du reste un beau soleil ; quelques rayons de lumière, tamisant avec peine à travers le feuillage, éclairaient çà et là les mousses et les lichens qui s'attachent aux vieux arbres ; il ne faisait ni chaud ni froid, l'air était léger ; en un mot, je me sentais heureux dans ce bas monde dont on médit souvent. Je savais Darralde à peu de distance de moi, mais je ne le voyais pas ; un coup de fusil résonne, il venait de tirer. Je laisse tomber à terre album et crayon, prends mon fusil et me prépare à voir déboucher un chevreuil. Bientôt je distingue dans la clairière, à une cinquantaine de mètres, une grosse masse sombre aux reflets fauves ; au lieu d'un chevreuil que j'attendais, un ours, et un ours de grande taille, arrivait au galop de mon côté. Avec du plomb dans un canon, une balle dans l'autre, sans abri, sans refuge d'aucune sorte, que faire ? S'il m'eût chargé, c'était entre nous deux un duel à mort. Je devais l'étendre raide à mes pieds, sans quoi j'étais perdu sans ressource. Immobile, je surveillais avec attention tous ses mouvements ; déjà j'entendais sa respiration haletante, il n'était plus qu'à quatre ou cinq pas. Le voyant disposé à continuer sa route sans se déranger.

H. Fouquier

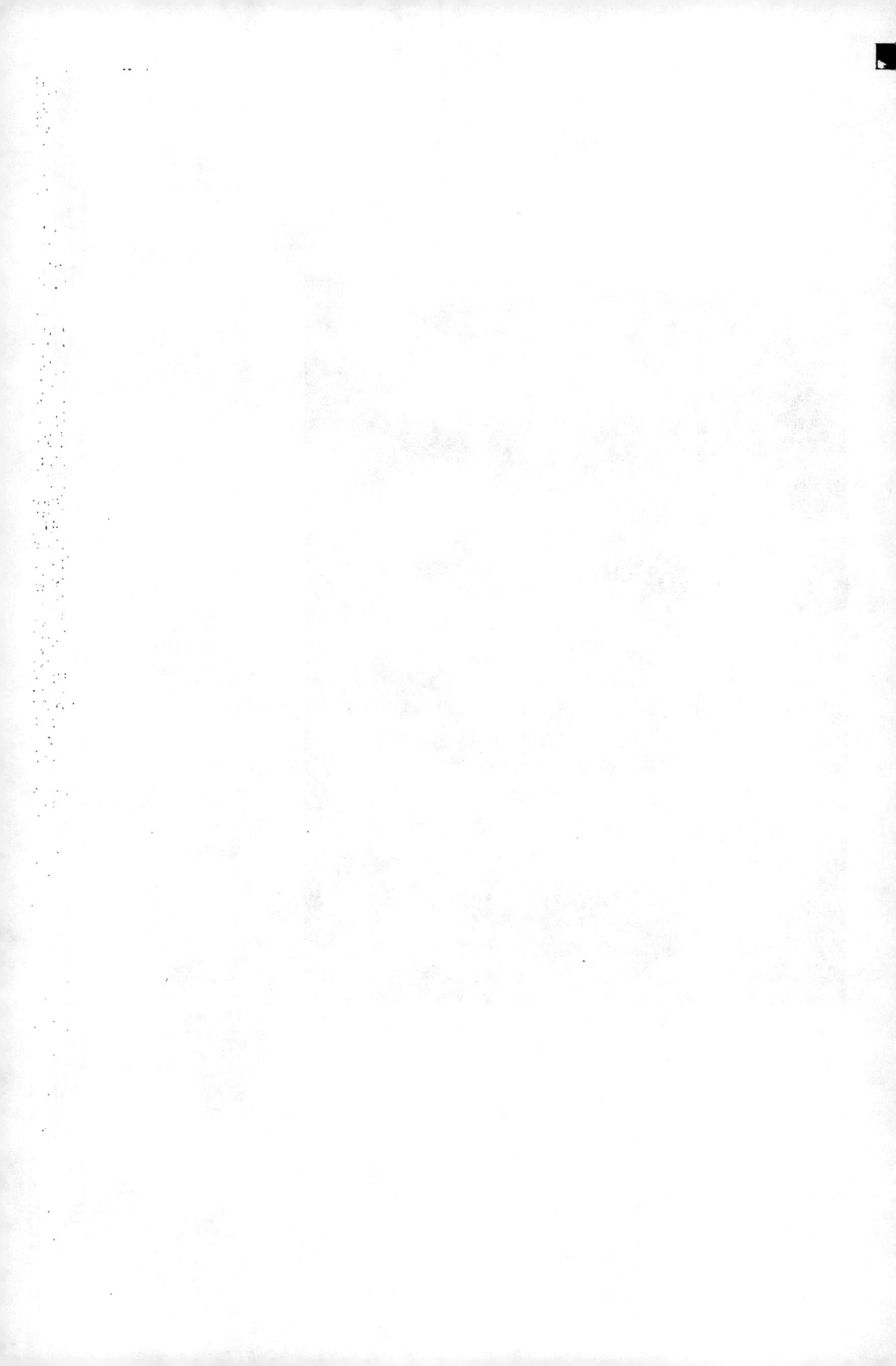

je le laisse passer d'une longueur d'ours, le vise à la tête, lui envoie mes deux coups de fusil ; mais, hélas ! il continue sa course et ne tarde pas à disparaître. Un ours au galop va vite, et, pendant les quelques secondes qu'il mit à arriver près de moi, je me rappelai que si ses pareils foncent sur l'homme qu'ils trouvent sur leur chemin, une fois passés ils ne se retournent pas sur lui, même s'ils se sentent blessés. Le souvenir de cette particularité, la charge que contenait mon fusil, l'absence complète d'abri, toutes ces raisons, qui me traversèrent l'esprit, me décidèrent au parti que je viens d'indiquer, et me laissèrent à peine le temps de songer au danger réel que je courais. Jamais sans doute je ne retrouverai une semblable occasion d'abattre l'animal le plus redoutable que nous ayons en Europe.

Une heureuse déviation dans la direction de mon arme, et malgré les perdreaux, faisans, lapins, lièvres, chevreuils et isards que j'ai souvent manqués, j'étais désormais un chasseur émérite. A quoi tiennent les réputations. Darralde me rejoignit, ainsi que deux de nos hommes, auxquels nous expliquâmes ce qui s'était passé. En apprenant que l'ours, avant de venir à moi, avait été tiré, peut-être même blessé, l'un d'eux s'écria : « Ah! monsieur, jamais vous n'avez été plus au bord du précipice »; et l'autre ajouta : « Vous êtes né aujourd'hui, rappelez-vous cela. »

Les chiens ne revenaient pas, ils suivaient probablement un chevreuil. L'ours n'était qu'un incident : dérangé dans son repos par les aboiements de la meute, il avait tout simplement voulu chercher un gîte plus tranquille ; la chasse continuait, et chacun regagna son poste.

Une fois seul, les détails qui précèdent me revinrent à l'esprit, ainsi que les propos de nos hommes, et, pourquoi ne l'avouerais-je pas, je sentis dans la paume des mains une certaine moiteur et une grande sécheresse dans la bouche, deux signes infaillibles chez moi d'une émotion un peu vive ; elle était rétrospective et se dissipa bientôt en reprenant mon travail brusquement interrompu.

De retour au campement, on parla longuement de l'événement de la matinée. Lamazou, de Borce, regrettait fort de ne s'être pas trouvé à ma place. Il me reprocha de n'avoir pas tenu

à l'ours le petit discours qu'il lui adresse toujours en pareille circonstance. Lorsqu'il est à
dix pas, il lui dit : « Allons, Martin, lève-toi,
c'est le moment de danser. » Il agite les bras,
l'animal se dresse sur ses pattes de derrière,
s'avance pour l'étreindre, il le vise au cœur et
le tue; c'est simple comme bonjour, en théorie
du moins. Les nombreux exploits de Lamazou
l'autorisaient à parler ainsi; nul ne pouvait
l'accuser de forfanterie, et chacun peut profiter
de la leçon.

Le surlendemain de notre arrivée, l'alcade
d'Echo, le premier des villages que l'on rencontre en descendant la vallée, averti par de
vagues rumeurs d'une subite invasion d'étrangers, nous dépêcha un messager pour savoir
qui nous étions. Les devoirs de sa charge l'obli-
geaient à s'éclairer sans retard, car des bruits
fort contradictoires circulaient déjà sur nous.
Les uns parlaient du comte de Barraute, carliste
très-connu dans la contrée, arrivant à la tête
d'une bande de partisans; les autres nous re-
présentaient comme de simples chasseurs français, mais, dans ce cas, en vertu de quel droit,
de quel privilége, nous implantions-nous ainsi

sur le territoire espagnol? Qui lui répondait
même que nous n'étions pas des bohémiens ou
des bandits? il n'en manque pas dans le pays.
J'aurais été curieux d'entendre tous les propos,
tous les commentaires dont nous fûmes l'objet,
et de connaître les instructions secrètes données
à Pedro, le messager en question, homme de
très-bonne mine du reste, très-poli et très-con-
venable. Il prit connaissance de la lettre du
maréchal Prim, de celle de S. Exc. M. Sagasta,
nous pria de les lui confier, et nous demanda
en outre nos noms, professions et qualités.

Lorsqu'il se retira, nous le chargeâmes de
porter un bel isard à l'alcade, pour lui prouver
que nous nous occupions de chasse et non de
politique. — Un sergent de carabineros, à la
tête d'une bonne escorte, vint aussi nous reconnaître; tous ses hommes assistèrent à nos repas,
que la douceur du temps nous permettait de
prendre en plein air, sous les grands arbres; ils
virent nos illuminations du soir et les détails de
notre campement. Bien accueillis, bien traités,
ces émissaires firent sur nous des rapports si
favorables sans doute qu'ils nous valurent la
visite de leurs chefs respectifs.

Le commandant des carabineros vint le premier; il accepta sans cérémonie notre invitation à déjeuner. La cuisine française lui convint, la recherche de notre table le surprit; il devint communicatif, et nous confia ses regrets d'être relégué, lui, Andalou, si loin de son pays natal, dans un mauvais village, privé de ressources pour l'éducation de ses six enfants, qui souffraient beaucoup en hiver des rigueurs du climat. Nous écoutions ces intéressants détails de famille, mais notre attention redoubla quand il ajouta que, sans la bienveillante intervention de l'alcade et les ordres spéciaux dus à sa propre initiative, un capitaine de carabineros se proposait de nous obliger à le suivre jusque chez le gouverneur de la province. Il eut de la peine à modérer son zèle et à lui faire comprendre qu'il allait peut-être s'embarquer dans une mauvaise affaire, et qu'il était plus prudent d'être mieux renseigné avant d'agir.

On rit du danger auquel on a heureusement échappé, mais il est facile de se représenter notre mauvaise humeur, les cris et les imprécations que nous aurions poussés si nous avions dû plier bagages, laisser la chasse, et aller, au

16

milieu de soldats, comme des malfaiteurs, jusqu'à Jaca. Le commandant nous avait rendu
un grand service, et nous l'en remerciâmes
avec effusion; il était, du reste, un de ces hommes qui sont sympathiques à première vue, et
Carrère se proposa de le recommander au maréchal Prim, dont il se disait l'ami.

L'alcade était à moitié Basque, puisque son
père, né à Espelette, avait quitté ce village pour
se marier à Echo. Il ne savait plus que quelques
mots de sa langue paternelle, et prenait autant
de plaisir à me les répéter que moi à les entendre. Il m'apprit que chaque année, pendant quatre mois de la belle saison, on fait pâturer dans
ces montagnes douze à quinze cents têtes de
gros bétail et vingt mille moutons, chèvres ou
brebis. Les bois de la forêt auraient une immense valeur si on pouvait les exploiter, mais,
faute de routes, on n'en tire aucun profit. Un
industriel français voulut, dans ces dernières
années, débiter en douvelles les beaux hêtres
qu'on y trouve; mais les prétentions exagérées
des ouvriers qu'il embaucha, celles des mule-
tiers, qui seuls pouvaient se charger des trans-
ports, augmentèrent les prix de revient dans de

telles proportions qu'il dut renoncer à son entreprise.

Nous n'avons certes pas à déplorer un tel état de choses. La chasse sera perdue dans la forêt d'Ossa le jour où on l'exploitera régulièrement. Que des contrebandiers français utilisent parfois leur retour en rapportant de petites planchettes destinées à la fabrication des vases à eau en usage dans une portion du Béarn et du pays basque, peu nous importe, ils ne dérangent guère le gibier; non plus que les Espagnols, qui dépouillent les houx de leur écorce pour confectionner la glu, qui sert dans les provinces du sud à prendre des milliers de petits oiseaux, à l'époque de leur migration d'automne, alors qu'ils sont fins, gras et délicieux à manger. Nos voisins profitent des règlements que nous faisons pour empêcher la destruction de ces intéressants volatiles; mais leur triste sort était le moindre de nos soucis.

L'ambition augmente chez l'homme à mesure que ses désirs sont satisfaits; nous avions réussi dans nos chasses à l'isard et au chevreuil; l'abondance du gibier nous permettait de compter sur de nouvelles prises, aussi le passé et l'avenir ne répondaient plus à nos nouvelles aspirations. La forêt d'Ossa renfermait des ours, nous n'en pouvions douter. Il fallait au moins tenter de nous mesurer encore avec le Gaspard, comme l'appelaient nos hommes : peut-être finirions-nous par régler nos vieux comptes avec lui.

Avec le concours de Mathias et d'un vieux berger qui connaissait à fond la forêt, nous organisâmes une battue, mais elle n'eut d'autre résultat que de faire prendre par les chiens un jeune faon.

Nous ne nous décourageons pas, cependant, et décidons d'aller fouiller un grand quartier de bois inexploré jusqu'alors, où, suivant toutes les probabilités, les deux ours que nous avions vus successivement avaient été se réfugier.

On nous signala un poste privilégié entre tous, mais d'un accès difficile; nous partons pour l'occuper, Darralde, Durand et moi, tandis que nos autres compagnons doivent surveiller, dans des endroits plus accessibles, les isards qu'on délogera certainement des fourrés.

Ce poste est admirable en effet : presque à la limite supérieure de la forêt, nous dominons une immense étendue de bois, au-dessus desquels se dressent encore de hardis et puissants rochers nus. Un bouquet de pins aux branches tortueuses nous abrite du soleil et couronne une sorte de donjon naturel d'une dizaine de mètres de hauteur. L'ours devait suivre un étroit sentier au pied de cet escarpement, et les traces de ses pas, que nous avions vues très-distinctement, nous prouvaient qu'il pratiquait souvent ce passage. — Pleins d'espoir les uns et les autres, nous chargeons le sort de désigner celui d'entre nous qui fera feu le premier. J'ai la plus courte paille, Durand doit tirer ensuite, puis Darralde ; sans cette précaution, nos coups pouvaient se confondre. Quel embarras alors! à qui donner l'animal? On sait du reste qu'il ne faut pas vendre la peau de l'ours avant de l'avoir tué. Nos hommes avaient à faire un circuit de trois ou quatre heures pour atteindre l'endroit où devait commencer la battue. L'attente eût été fastidieuse, si un courrier, arrivé la veille avec les lettres et les journaux, n'eût permis à Darralde d'apporter le dernier numéro du *Figaro*. Nous étions fort près les uns des autres; il put nous donner, à voix très-basse, quelques nouvelles politiques, et nous mettre au courant des escapades d'une petite dame dont on s'occupait beaucoup dans le public.

Cris et coups de fusil retentissent enfin sur le versant de la montagne qui s'étend en face de nous. Lapassade imite la voix des chiens et augmente le tapage. Nous sommes tout yeux et tout espoir. Nous voyons de très-loin deux isards, gagnant à toutes jambes les dernières hauteurs ; nous entendons les pierres que fait rouler une bande de ces animaux, masquée par un pli de terrain, et les coups de fusil tirés par nos camarades sur d'autres fuyards ; mais personne ne découvrit les ours, qui étaient cependant dans l'enceinte où nous les cherchions. Ils décampèrent sournoisement, au dire des bergers qui vinrent ensuite nous voir, par les vides laissés entre nos hommes et nous. Notre personnel était trop restreint pour conduire convenablement une pareille battue ; nous le savions, et pour le compléter nous avions voulu persuader à l'alcade d'Écho de nous envoyer ses paysans, mais il objecta qu'occupés à rentrer leurs récoltes, ils ne pouvaient s'éloigner du village pour une semblable expédition.

La matinée cependant ne fut pas perdue :

deux isards nous payèrent de nos peines. On fit
venir les chiens, afin de savoir ce que renfer-
maient les grands bois qui nous entouraient. Ils
se mirent en chasse aussitôt arrivés. Darralde,
pour être moins en vue, s'était assis au poste
qu'il surveillait, quand, du coin de l'œil, il en-
trevoit une ombre étrange qui apparaît sou-
dain; il tourne la tête, un bel isard est à dix pas
de lui; le temps de faire volte-face, et l'imprudent est déjà loin; il le tire néanmoins, mais
sans l'atteindre; j'aperçois à mon tour son dos
au milieu des pierres, je le salue d'un coup de
fusil qui ne fait qu'accélérer sa course. Par habitude, je recharge aussitôt. J'étais debout,
très à découvert, quand je vois deux jeunes
isards immobiles à vingt pas de moi. Ils cher-
chaient sans doute à rejoindre leur mère, que
nous venions de manquer. Ils me paraissaient
si gentils, les pauvres petits, qu'un excès de
sensibilité va les sauver, quand le démon de la
destruction me tente, et, au moment où ils partent au galop, j'en abats un raide sur la place.
L'autre, surpris de n'avoir plus à ses côtés son
compagnon, s'arrête après quelques bonds et regarde inquiet autour de lui. Déjà je m'en vou-

lais de ce que je venais de faire, les ombres des
isards morts dans nos chasses précédentes se
dressaient devant moi comme un reproche; c'é-
tait assez de carnage, et, pour être certain de ne
pas céder une seconde fois à de mauvais entraînements, je criai à ce jeune innocent de se
sauver au plus vite. Un instant, je craignis qu'il
ne passât à d'autres chasseurs moins compa-
tissants, mais il eut le bonheur de les éviter.

Avant de battre en retraite, l'un de nous tua
encore un beau mâle, après avoir eu la cour-
toisie d'épargner deux chèvres, qui lui étaient
passées à belle portée. Ces dernières composent
presque en totalité les bandes plus ou moins
nombreuses que l'on rencontre. Les mâles, surtout ceux qui ont déjà quelques années, vivent
habituellement solitaires sur les pics les plus
abrupts, ou dans le haut des forêts; mais ils se
mettent en campagne aussitôt qu'arrive la saison
des amours; à cette époque, sans cesse en
quête d'aventures galantes, ils ne s'arrêtent ni
jour ni nuit. Dans leurs courses vagabondes,
rencontrent-ils un rival au milieu de son harem,
le combat s'engage à l'instant; comme les boucs
et les béliers, les deux champions se chargent

avec fureur; ils se ruent l'un sur l'autre, tête contre tête; une passe succède à une autre. Parfois, et cela leur est particulier, ils entrelacent les crochets de leurs cornes; le plus fort entraîne, secoue, malmène le plus faible, qui prend la fuite aussitôt qu'il a reconnu son maître, espérant sans doute se consoler auprès d'autres belles qui n'auront pas été témoins de sa défaite.

La passion devient même si violente chez ces animaux, qu'aveuglés par elle, ils oublient toute prudence, et tombent dans les piéges les plus grossiers. Nos hommes nous ont affirmé qu'avec le sac en peau d'isard qu'ils portent à la montagne et la crosse de leur fusil, ils ont fait venir à eux et tué des mâles affolés par de bouillantes ardeurs. Bien cachés eux-mêmes, il leur suffisait de montrer à peine, au-dessus d'un rocher, cette caricature de tête, de dos ou de cou; la distance augmentant l'illusion, ces vieux drôles accouraient, et, au lieu de trouver une compagne, ils rencontraient la mort. S'ils ont dit vrai, ce que je suis porté à croire, les isards ne sont décidément pas plus raisonnables que les hommes; jusqu'alors, j'inclinais à penser le contraire.

Je regardais notre chasse comme terminée, pour cette année du moins. En récapitulant nos prises, nous comptions quatre chevreuils, dix-sept isards et une perdrix blanche, total qui dépassait de beaucoup toutes nos espérances, ainsi que les résultats obtenus dans nos expéditions autour d'Olibon. Les chiens étaient harassés, quelques-uns dessolés, et par conséquent hors de service. On ne savait de quel côté s'étaient retirés les ours. Nous avions fait des largesses de gibier à toutes les personnes des environs qui nous avaient rendu quelques services ou qui pouvaient nous en rendre. Les chaleurs excessives nous empêchaient d'en envoyer au loin. La meute, nos hommes et nous en étions complétement rassasiés.

Cependant, pour employer la journée qui nous restait à passer à la montagne, on tenta encore une traque à l'isard; on partit, mais sans ardeur ni entrain, pour une sorte de promenade, de reconnaissance militaire, dans une contrée jusqu'alors inexplorée. Par acquit de conscience on occupa les postes, où nous fûmes tous gelés. Je vois encore d'ici la piteuse figure de Carrère, planté debout pendant plusieurs heures, et grelottant de froid, dans une sorte de guérite de géant, faite de grands rochers. Nous avions emmené à cette dernière battue notre cuisinier pour le récompenser de ses bons services, car, malgré l'absence de fourneaux, et un matériel de campagne qui laissait naturellement à désirer, il eut le talent de frire les truites avec art, de préparer des ragoûts d'isard excellents, et de cuire à point les cuissots de chevreuil. Ce jeune gars, très-dégourdi, nous déclara, en quittant tout transi les pierres au milieu desquelles il était resté, sans rien voir ni rien entendre, que les montagnes lui paraissaient très-belles, qu'elles lui plaisaient fort, mais qu'il trouvait cette chasse assommante. Il avait été privé, pour son début, de cette émotion finale qui fait oublier les peines et les misères qui l'ont précédée, et dont le seul souvenir console quand viennent les mauvais jours.

On descendit de la montagne comme une avalanche; on voulait se réchauffer, et on y parvint. Nous étions en nage en arrivant au campement, où régnait une animation plus grande qu'à l'ordinaire. Nous devions partir le lendemain matin. Déjà les chevaux, ânes, mu-

lets, conducteurs et conductrices, étaient dissé-
minés çà et là autour des tentes. Le repas du
soir fut plus gai encore que d'habitude; on ré-
capitulait le nombre des prises, que j'ai indiqué
plus haut, et auquel il faut ajouter encore deux
perdrix blanches. On vantait la beauté de la
forêt, l'abondance du gibier, la fraîcheur de
l'eau, la bonté des truites, la facilité de vie sous
tous les rapports; on épuisait les dernières provisions, on vidait les dernières outres, les derniers tonneaux; tout le monde prenait part à
nos largesses, aussi l'entrain était-il général.

Nous comptions garder, pour les faire em-
pailler, les têtes de nos isards, mais elles furent
dérobées par quelques rôdeurs espagnols,
comme il n'en manquait jamais près de nous.
Il ne restait de tous nos exploits que des peaux
séchées tant bien que mal à l'air et au soleil.
Elles ne nous paraissaient pas suffisamment
belles dans cette saison pour nous les réserver,
aussi les abandonna-t-on aux traqueurs, qui
trouvent moyen de les utiliser de différentes
manières. Nous ne pouvions avoir de préférence
pour personne sans susciter des jalousies, et le
sort fut chargé de désigner les noms de ceux

qui choisiraient les premiers. On étendit donc
toutes ces dépouilles près d'un énorme tas de
bois auquel on mit le feu, et, quand la flamme
éclaira suffisamment la scène, on procéda au
tirage de cette tombola de boucaniers; puis,
autour du brasier ardent, hommes et femmes,
jeunes et vieux, commencèrent une grande ronde
en se tenant par la main et en chantant les re-
frains naïfs du village. Carrère sonnait à pleins
poumons des fanfares; quelques coups de fusil
appuyaient et dominaient les sons vibrants du
cor de chasse. Les chants et l'accompagnement
formaient une atroce musique, qui augmentait
encore l'enthousiasme de notre bande de demi-
sauvages, et, quand l'austère sévérité des grands
rochers d'Olibon nous revenait à l'esprit, tout
le monde poussait un hourrah en l'honneur de
la forêt d'Ossa, de Darralde, qui l'avait découverte, et de la bonne vie que nous venions de
mener.

La veillée se prolongea fort avant dans la
nuit, et, malgré cela, dès la pointe du jour, tout
le monde était sur pied. On abattait les tentes,
on empaquetait les bagages, on les chargeait
sur les bêtes de somme. Tandis que nous étions

tous occupés à cette besogne, un beau brocard
traversa le gave, non loin de nous, et resta assez
longtemps en vue. « Il nous nargue », disaient
les uns. — « Non, reprenaient les autres, il nous
fait ses adieux et nous engage à revenir l'an pro-
chain. » Certes, il n'y mettait aucune malice;
lui et les siens se passeraient très-volontiers de
nous retrouver dans leur domaine; mais la forêt d'Ossa est trop belle pour ne pas nourrir
l'espoir d'y retourner quand on a eu le plaisir
de la voir.

En regagnant Lescun par le col de Pau, avant
de franchir la frontière, nous nous arrêtâmes
sur un sommet élevé, d'où la vue embrassait
un immense horizon de montagnes et de crêtes
aiguës, au milieu desquelles nous saluâmes,
comme de vieux amis, les pics du Bizaouri et
d'Aspe, les rochers de la Pourtas et de l'Houmias, tous endroits pleins pour nous de pré-
cieux souvenirs, et nous faisions encore une
fois nos adieux à la montagne.

# 1870

Hadji Aly.—Village de Soliman.—Baba Bram et le droit d'asile.
— Battues infructueuses. — Esquisse d'une chasse à courre
en France. — Hallali. — Deux Anglais.

VANT de partir pour Tunis, où j'allais
voir un de mes amis, au commencement de l'année 1870, je comptais
profiter de ce voyage pour chasser le sanglier
d'Afrique, afin de comparer les procédés em-
ployés par les Arabes à ceux qui sont suivis en
France pour s'emparer de ce rude animal. Je
devais à la bienveillante amitié du comte d'Osmond d'avoir goûté le plaisir princier des
grandes chasses à courre qu'il dirigeait à la tête
de son vautrait, et d'avoir vu se dérouler devant
mes yeux les diverses péripéties de ce drame
émouvant, dans les vastes forêts du Nivernais,
avec grand renfort de chiens anglais de premier

choix, de piqueurs habiles et d'excellents chevaux, c'est-à-dire dans les plus belles conditions qu'on puisse réunir en France. Arrivé en
Afrique, je fis infructueusement à Zaghouan et
à Tebourba deux tentatives de chasse qui ne
devaient pas me rebuter. Sans attacher une
importance exagérée au désir de réussir, je ne
voulais pas cependant renoncer encore à une
idée longtemps caressée. Monsieur Le Rée,
jeune élève consul, avec lequel je m'étais lié
dès mon arrivée à Tunis, eut la bonté de me
faire profiter des avantages que lui procuraient
sa position officielle et ses relations amicales
avec quelques indigènes influents. Je pus donc,
grâce à lui, tenter de nouveau l'aventure. Nous
décidâmes de nous rendre, à cet effet, au village de Soliman, près duquel il existe d'excellents terrains de chasse.

Hadji Aly, janissaire du consulat de France,
nous y précéda d'un jour avec une lettre du
gouverneur du district, le général Bakouch, à
son kalifat, auquel il enjoignait de nous recevoir
de son mieux et de se tenir à notre disposition,
pour nous procurer tout ce qui nous serait utile
ou agréable. En attendant notre arrivée, Hadji

Aly devait préparer le logement, réunir les tireurs, les rabatteurs et les chiens nécessaires en
pareille circonstance. Nous comptions qu'il
s'acquitterait en conscience de sa mission, car
il passait pour un grand amateur de chasse.

Hadji Aly, assez recherché dans sa mise, était
un homme jeune, vigoureux, d'une physiono-
mie ouverte. Avant de se marier, il avait accompli le pèlerinage de la Mecque, ce qui lui
valait le titre de Hadji. Il jouissait d'une certaine
aisance, et en profitait pour donner des dia-
mants à sa femme, qu'il aimait à trouver richement parée quand il allait la voir dans son
harem. Il entra d'abord au consulat de France
comme dans un lieu d'asile, bien qu'il n'eût à
se reprocher d'autre faute que celle d'avoir été
l'homme de confiance du général Redchid, qui
fut étranglé par ordre du bey pour un crime
vrai ou supposé.

La disgrâce de son protecteur mettait la vie
de Hadji Aly en danger; il le pensait du moins,
car on croit volontiers à Tunis que les amis de
nos ennemis sont nos ennemis, et on trouve
prudent de s'en débarrasser. Ses craintes ne
cessèrent que le jour où le consul de France

accepta ses services, d'abord comme janissaire
surnuméraire, en attendant qu'il pût en posséder
le titre définitif et en remplir les douces fonc-
tions. M. Sommaripa, drogman du consulat,
se joignit à Le Rée et à moi; il devait nous
être très-utile par sa connaissance de la langue
arabe.

Installés tous les trois dans une mauvaise
voiture de louage, car il n'y en a pas de bonnes,
nous partons, le 9 mai, pour Soliman. — La
route s'écarte fort peu d'abord des rives plates
et marécageuses du lac de Tunis. Les champs
de blé, d'orge et les bois d'oliviers que l'on rencontre çà et là n'ont rien de bien pittoresque,
non plus que le hameau de Hamanlif, où nous
faisons halte pour visiter un établissement de
bains sulfureux, construit jadis par le bey
Ahmed. La source, qui s'échappe des flancs de
la montagne à une haute température, jouit
dans le pays d'une grande réputation; bien des
personnes viennent chaque année y chercher
la santé et l'y trouvent, malgré la privation ab-
solue de tout confortable, car l'établissement
est aussi mal tenu que possible. Le kalifat de
Soliman nous attendait à l'entrée du village. Il

nous reçut le sourire sur les lèvres, la main sur le cœur, et nous débita les compliments d'usage dans tout l'Orient; puis, il nous fit conduire à la petite maison fort propre réservée aux voyageurs qui, comme nous, étaient convenablement recommandés. Un juif algérien en prenait soin, et, pour sa peine, jouissait de l'avantage d'y loger gratis, lui et sa famille.

Hadji Aly, avec l'ardeur de la jeunesse, avait mis la matinée à profit, comme le prouvaient les perdrix, tourterelles et lièvres suspendus dans la petite cour intérieure de la maison. Quelques-uns des Arabes choisis pour nous accompagner attendaient notre arrivée et nous souhaitèrent la bienvenue. Parmi eux, un grand nègre, que son humeur joviale rendait sympathique à première vue, prétendit que, pour assurer le succès de la chasse, je devais lui faire cadeau d'une paire de babouches. Comment, en effet, pouvoir pieds nus attraper des sangliers. Il m'adressa sa requête d'une façon si comique, que j'aurais eu mauvaise grâce à ne pas y accéder.

Ce nègre, plein de fantaisie dans ses allures et ses discours, sautait, disait-on, à califourchon

sur les sangliers, les prenait par la queue, et
leur jouait mille mauvais tours du même genre.
Dans une chasse récente, où le fils du bey avait
tué un sanglier qui lui passait à belle portée, il
s'approcha de Son Altesse et lui dit : « Tu es
bien heureux d'avoir tiré juste comme tu l'as
fait, sans quoi je t'aurais appelé *tahan*. » Expression plus facile à écrire en arabe qu'en français ; les pruderies de notre langue s'opposent à
en donner ici la traduction.

Il nous restait encore deux ou trois heures de
jour, qui furent employées à parcourir le village, où l'on compte environ quatre cents maisons debout, habitées et disséminées au milieu
de ruines, qui datent, en grande partie, de l'é-
poque très-récente où la population de la Régence fut, en quelques mois, réduite d'un tiers
par une épouvantable disette. Tandis que les
céréales manquaient, une terrible épizootie en-
levait les troupeaux de bœufs, de moutons, et
étendait ses ravages jusque sur les chevaux. La
misère était affreuse dans les villes, et plus
grande encore dans les campagnes. Des douars
entiers périssaient de faim, les routes étaient
jonchées de cadavres qui pourrissaient sans sé-

pulture et infectaient l'air d'horribles odeurs. Au milieu d'un si grand désastre, les chiens, ces compagnons de l'homme, n'avaient pas été épargnés, de sorte qu'on eut de la peine à en réunir sept ou huit pour la chasse du lendemain.

Notre premier soin fut d'aller voir s'ils justifiaient les éloges que leur prodiguaient les Arabes. Laids, maigres, de piteuse apparence, j'augurais mal de leur concours, tout en sachant qu'il ne faut pas juger les bêtes plus que les gens sur la mine.

On nous fit ensuite visiter un moulin à huile, sombre réduit où un chameau, tournant mélancoliquement autour d'un pressoir, entraînait dans sa marche, en guise de meule, un gros bloc de granit, fragment d'un fût de colonne antique. Quand l'olive est suffisamment broyée, la pulpe est soumise à une forte pression, et le liquide qui s'écoule est conservé avec soin dans de grandes jarres enterrées jusqu'aux bords dans le sol et abritées avec soin contre l'action de la lumière. Cette précaution est indispensable pour empêcher l'altération de l'huile.

L'escorte nombreuse, qui nous suivait pas à pas, était une sorte d'hommage rendu aux galons du jeune consul. Elle ne contint qu'avec peine la curiosité indiscrète de la foule, quand nous arrivâmes sur la place du village.

Là, le coup d'œil était animé et pittoresque, les types assez variés, ainsi que les costumes. Quelques échoppes de produits indigènes attiraient les chalands. Les Arabes venaient sans cesse puiser de l'eau ou faire leurs ablutions à une jolie fontaine, tandis que d'autres fumaient tranquillement leur longue pipe devant le café. Un minaret de forme carrée, s'élevant près de la mosquée, dominait de beaucoup le groupe de petites maisons blanches, surmontées d'une terrasse et plus agglomérées là que dans le reste du village.

En continuant notre route, nous rencontrâmes un colonel en uniforme, portant la plaque de commandeur du Nichan. Je ne sais quel instinct secret me porta à lui souhaiter le bonjour en turc, bien que cette langue soit très-peu parlée dans la Régence. Il s'arrêta, surpris, me rendit mon salut, et s'informa du motif qui nous amenait à Soliman. Quand il sut que nous comptions chasser le sanglier, il nous promit de venir passer la soirée avec nous, pour causer plus

à l'aise de cette expédition. Le hasard me servait avec un rare bonheur. Je venais de mettre
la main sur le chasseur le plus émérite de tout
le pays. Il était, en outre, le héros d'aventures
étranges, dont j'avais déjà recueilli quelques
bribes, et j'attendis avec impatience son arrivée pour compléter ou rectifier ce que j'avais
entendu dire de lui.

Depuis longtemps on ajoutait à son nom de
Bram le mot *baba* (père), à cause de son grand
âge (il avait au moins soixante-dix ans), et
tout le monde l'appelait baba Bram. Son visage, très-fané, très-ridé, ses traits d'un dessin
mou, ses yeux à fleur de tête, sans expression
marquée, sa barbe blanche et ses grandes
oreilles, se refusant à rester comprimées sous
la *chechia*[1] qui couvrait sa tête, tout cela formait un ensemble où l'on démêlait difficilement
un caractère bien tranché. Son corps, sans être
déformé, s'affaissait un peu sous le poids des
années; ses gestes, ses mouvements, ne man-

---

1. Sorte de calotte ou bonnet rouge toujours ornée d'un pom-
pon en soie bleue. Les chechias, que l'on fabrique en grand
nombre dans la Régence de Tunis, sont d'une qualité supérieure
et donnent lieu à un commerce d'exportation assez considérable.

quaient cependant ni de vivacité ni d'énergie.

Dans sa jeunesse baba Bram était fort comme un taureau et doué d'un appétit formidable ; il avalait le matin à son déjeuner six onces d'huile qu'il mélangeait avec quatre œufs durs. Il lui fallait pour son dîner quatre livres de viande, une piastre de kebab (mouton grillé), sans compter le pain. Dans l'intervalle de ses deux repas, il vidait, pour passer le temps et s'humecter le gosier, quatorze bouteilles de vin, quoique musulman. Je rapporte fidèlement ces menus insolites, sans rien changer à ce qu'il m'a dit.— Passionné pour la chasse et les exercices violents, il luttait volontiers contre tous ceux qui croyaient à la puissance de leurs muscles, et manquait rarement de les terrasser. Il s'était fait faire pour ce genre de divertissement un caleçon en peau bien collant, dans le genre de ceux que portent nos lutteurs de profession : Arpin, le terrible Savoyard, Marseille, Rabasson et autres célébrités de ce genre dont on a pu admirer la vigueur. — Aussi adroit que fort, il maniait le sabre avec une surprenante dextérité. Il coupait en deux et d'un seul coup une *chechia* qu'il posait simplement sur une table, après toutefois l'avoir imbibée d'eau et roulée sur elle-même. Il exécutait encore bien d'autres prouesses du même genre. Exciter la colère d'un homme de cette trempe devenait une faute qu'un de ses voisins eut l'imprudence de commettre, et il lui en arriva malheur.

Ce voisin possédait un fort beau et fort bon levrier que baba Bram désirait échanger contre un chien de même race, mais qui ne réunissait pas toutes les qualités de celui qu'il ambitionnait.

L'échange eut lieu après de longs pourparlers, et l'affaire n'aurait pas eu de conséquence fâcheuse si un personnage important, un ferik (général de division), n'eut également convoité le beau lévrier. En apprenant qu'il était passé dans les mains de baba Bram, le ferik manda près de lui l'ancien propriétaire, et lui dit qu'il eût à s'ingénier pour trouver le moyen de lui remettre le chien. Il laissait entendre en même temps qu'il savait aussi bien récompenser ceux qui s'employaient à lui être agréables que punir ceux qui lui refusaient leurs services. La crainte d'une part, l'appât du gain de l'autre, ne pouvaient manquer leur effet.

19

Un jour, en rentrant chez lui, baba Bram
cherche son lévrier sans pouvoir le trouver.
Il s'informe, acquiert la certitude que le chien
a été volé par son voisin; il épie le coupable, ne
tarde pas à le rencontrer, et lui reproche sa con-
duite. Celui-ci avoue son larcin, demande son
pardon, mais de cet air faux et narquois qui
semblait dire : je me moque de ton courroux.
Voulant même pousser jusqu'au bout cette in-
jurieuse plaisanterie, il s'agenouille pour obte-
nir une grâce à laquelle il n'attachait aucune
importance. « C'était par trop me narguer, continue baba Bram, la colère m'étouffait, j'avais
mon sabre à la main, et je tranchai la tête de
ce misérable. Je sentis de suite les conséquences que pouvait avoir ma trop grande vivacité, et, mettant mon sabre entre mes dents, je
courus à toutes jambes jusqu'au consulat de
France. Là j'expliquai au consul ce qui venait
de se passer et réclamai de lui le droit d'asile [1].

---

1. Dans la Régence de Tunis, comme jadis aux naissantes pé-
riodes du moyen âge, il y a encore des villes d'asile dont l'accès
est interdit aux Européens. Dans l'intérieur même de Tunis
certaines mosquées et quelques tombeaux de saints offrent un
refuge assuré aux Musulmans qui parviennent à y pénétrer.
Si le crime commis est de ceux qui ne peuvent rester impunis,

Il chercha à me persuader que ma demande dépassait la limite de ses pouvoirs. Il ajouta que, dans tous les cas, après un délai de trois jours, il serait obligé de me livrer à la justice du bey.

« Certes, tu ne le feras pas, lui dis-je, car « non-seulement je suis ton hôte, mais, en en- « trant ici, je me place sous la sauvegarde directe « de la France, et si tu me laissais arracher de ce « sanctuaire, j'écrirais à ton roi que tu ne sais « pas faire respecter le drapeau qu'il a confié à « ta garde. » Je plaidai ma cause de mon mieux et si bien, qu'un mois après cet événement j'étais encore au consulat. Nous arrivions à cette épo- que de l'année où le bey du camp, autrement dit l'héritier présomptif de notre Seigneur et maître, déploie l'étendard vert du prophète et rassemble des troupes pour aller à leur tête prélever l'impôt dans toute la Régence. La jus- tice perd le droit de poursuivre ceux qui ont

on mure l'entrée du cabanon où s'est abrité le coupable. La perspective de mourir de faim l'oblige à se livrer lui-même, après quoi la justice suit son cours.— S'il est avec le ciel des ac- commodements, comment n'y en aurait-il pas avec les conven- tions humaines?

le bonheur de s'abriter sous l'étendard sacré.
C'est un usage du pays que le temps a con-
sacré, qu'on respecte; je sus en profiter, et
après............. »

Baba Bram fit une légère grimace, frappa ou
plutôt frotta doucement ses mains l'une contre
l'autre, indiquant par ces différents signes que
l'affaire se termina sans autre désagrément pour
lui. Le naturel, la bonhomie avec lesquels il
conta cette aventure, témoignaient du calme de
sa conscience. Certes il se souciait de l'Arabe
qu'il avait tué comme de sa première bouffée
de tabac.

Baba Bram, né en Roumélie, était Turc.
Descendant direct de ces rudes conquérants
qui firent trembler l'Europe après s'être em-
parés de Constantinople, de la Syrie, de la Pa-
lestine, de l'Égypte et du nord de l'Afrique, il
conservait l'orgueil de sa race, méprisait au
fond du cœur les Arabes, et s'acquittait en conscience, peut-être même avec plaisir, des mis-
sions secrètes que lui confiait parfois, dit-on, le
Khasnadar Sidi Mohammet, ministre et parent
du bey.

Ce haut personnage employait sans scrupules

les moyens qui lui paraissaient les plus sûrs
pour se débarrasser de ceux qui portaient om-
brage à sa puissance. Connaissant l'aveugle
dévouement de baba Bram à sa personne, il
aurait eu, paraît-il, plus d'une occasion d'en
profiter.

Ceci, après tout, ne me regardait en rien. Un
voyageur ne saurait prétendre à réformer les
mœurs des pays à travers lesquels il passe, et
encore moins à corriger les vices, voire même
les défauts des hommes qu'il rencontre sur sa
route. Il eût été puéril de ne pas accepter le
concours que voulait bien nous prêter ce singulier personnage, qui négligeait les intérêts per-
sonnels qui l'avaient appelé à Soliman, pour
nous accompagner et diriger la chasse.

La soirée se prolongea assez tard dans la
nuit, ce qui ne nous empêcha pas d'être à cheval de bonne heure. Nous sortions du village
juste au moment où le soleil dardait sur la campagne ses premiers rayons. Quelques nuages,
dorés par sa lumière naissante, s'étendaient en
longues lignes fines et horizontales un peu au-
dessus de son disque. Les herbes, les fleurs
des champs, les moissons, les oliviers, toutes

les plantes et arbustes ruisselaient de rosée, et
les légères vapeurs du matin embellissaient de
leur voile transparent un paysage, dont la triste
monotonie a besoin d'être relevée par toutes
les coquetteries de la nature.

Baba Bram augurait bien de la journée; aussi
donnait-il de bonnes paroles aux Arabes qui
nous entouraient. Il montait et manœuvrait
avec aisance un petit étalon bai brun, docile
et énergique tout à la fois, comme la plupart
des chevaux arabes. Il portait en bandoulière
un joli fusil double à piston en parfait état. Sa
ceinture était garnie d'un revolver, d'une pou-
drière, de petits sacs à balles et à capsules; son
terrible sabre battait les flancs de son cheval.
Il avait vraiment bon air ainsi, le vieux Bram.
Il semblait rajeuni. De temps en temps on tirait
les ramiers, les tourterelles ou les perdrix qui
s'envolaient à portée. On ne craignait pas encore d'effrayer les sangliers, car nous avions à
faire deux grandes heures de chemin avant
d'arriver sur le terrain de chasse.

Les Arabes désignés pour nous accompagner
habitaient des douars situés non loin de la
route que nous suivions; avertis de notre ap-

proche, ils vinrent successivement nous rejoindre.

On fit halte à l'ombre d'un bois d'oliviers
pour attendre les derniers retardataires et charger les armes, car nous approchions du lieu où
allait commencer la chasse. — Les fusils des
Arabes, qu'ils soient simples ou doubles, à
piston ou à pierre, semblent tous plus mauvais
les uns que les autres. Ces armes, rouillées,
faites de pièces et de morceaux, ont presque
toutes une origine européenne. Les Anglais et
les Belges n'ont-ils pas inondé le monde entier
de leur détestable pacotille?

Laissant de côté ce détail, tous ces gens,
merveilleusement drapés dans les plis de leurs
burnous, haïcs ou couvertures; leurs poses
et leurs attitudes naturelles, rappelant celles
que les grands artistes d'autrefois donnaient à
leurs figures de bronze ou de marbre; les chiens,
mêlés parmi eux; les chevaux, placés au second
plan, composaient un petit groupe, curieux
dans ses détails, pittoresque dans son ensemble.

Nous arrivons enfin près des berges peu élevées d'une sorte de rivière, dont le lit maréca-
geux est encombré de roseaux, de joncs, de

lauriers-roses et d'arbustes assez nombreux,
assez variés pour faire la joie d'un botaniste, et
encore plus celle des sangliers, car, au milieu
de cette végétation exubérante, sous ces fourrés
inextricables, ils trouvent à souhait une nourri-
ture abondante, une ombre épaisse contre les
ardeurs du soleil, de la boue pour se vautrer,
de l'eau pour se désaltérer ou se rafraîchir.
Leur sort serait par trop fortuné s'ils jouissaient
toujours en paix de tant de rares avantages. La
malice des hommes vient parfois les troubler
au sein de leurs délices.

L'heure de la lutte venait de sonner. La battue s'organise. On s'assure de la direction du
vent. Les rabatteurs attendent que les tireurs,
les devançant de quelques centaines de mètres,
aient pris position dans le marécage, en face de
petites coulées tracées par les sangliers eux-
mêmes; d'autres, au contraire, restent à cheval,
en vedette sur les berges, pour le cas où les
sangliers déboucheraient en plaine. Ces dispositions terminées, les rabatteurs se glissent du
mieux qu'ils peuvent au milieu du fourré, bat-
tant les buissons avec de longs bâtons, criant,
hurlant comme de vrais démons.

Hadji Aly, posté près de moi, avait une atti-
tude pleine d'énergie dans cette situation dan-
gereuse; mais je ne l'observais qu'à la dérobée :
je devais veiller sur moi-même. En effet, au
milieu de ce hallier épais, on manquait d'espace
pour se mettre à l'écart et laisser passer l'animal, il fallait le tuer sur place ; autrement,
comme il est brave et va toujours de l'avant,
on eût nécessairement fait connaissance avec
ses défenses.

Après quelques minutes d'attente, les rabatteurs nous rejoignirent; le coup était manqué.
On alla plus loin recommencer la même manœuvre. Le large lit de la rivière fut fouillé plusieurs
fois sans plus de succès. Cependant, les em-
preintes fraîches laissées sur le sable, la terre hu-
mide remuée en maint endroit, révélaient le
récent passage des sangliers. S'étaient-ils, après
leurs nocturnes promenades, repairés aux premières lueurs du jour, loin des lieux où nous
les cherchions; ou bien avaient-ils battu en retraite à notre approche? Cette dernière suppo-
sition était au moins vraisemblable, car les
Arabes, surexcités par les cris qu'ils poussaient
durant la battue, ne cessaient, lorsqu'ils au-

raient dû se taire, de rire et de plaisanter
bruyamment entre eux. Baba Bram, pour réta-
blir le silence indispensable en pareille circonstance, les réunit autour de lui et leur dit :
« Vous vous croyez des chasseurs ; vous n'êtes
que des vieilles femmes, puisque vous bavardez
et jacassez comme elles. Ce n'est pas de cette
manière que vous réussirez. Si vous êtes des
hommes, prouvez-le en retenant vos langues
jusqu'au moment où vous serez tous réunis le
soir au café. Là vous vous conterez sans incon-
vénient tout ce qui vous passera par la tête. »

Cette petite admonestation, débitée d'un ton
d'autorité, fut comprise et approuvée par les
Arabes, qui répétèrent souvent, en inclinant la
tête : *tahib, tahib!* (il en est ainsi, il a ma foi
raison).

Baba Bram, prenant alors le commandement
de la troupe, nous emmena fouiller d'autres
repaires dans une contrée plus mouvementée
que celle que nous quittions. Les collines on-
dulaient au loin, sans atteindre cependant les
proportions des montagnes. A peine voyait-on,
sur leurs flancs arides, quelques touffes de
maigres broussailles ; toute trace d'habitation

ou de culture avait disparu. La nature restait abandonnée à elle-même, et n'en était pas plus belle pour cela.

Je fus posté près d'un mince ruisselet, dont les rabatteurs devaient, après un long circuit, redescendre le cours en se rapprochant de moi. Baba Bram partit avec eux pour les surveiller et les guider.

La silhouette du vieux chasseur et celle de son cheval, se profilant sur un ciel étincelant de lumière, apparurent au sommet des crêtes qui dominaient le vallon; elles diminuèrent de grandeur en s'éloignant, et s'évanouirent enfin.

Combien de temps devait durer l'anxieuse attente du poste? Je l'ignorais. Pour en charmer les loisirs, je regardais voleter des oiseaux de toutes sortes dans les touffes de lauriers, j'écoutais leur gazouillement, et surtout les chants d'amour du rossignol, dont les cadences harmonieuses séduisent et charment sa compagne. Les sangliers s'obstinaient à ne pas se montrer, et le concert champêtre, qui d'abord m'avait amusé, devint, en se prolongeant outre mesure, d'une monotonie presque agaçante. Dans tous les cas, je n'avais pas mis tant de monde en campagne pour un divertissement de ce genre. Midi approchait, le doute sur le résultat heureux de la journée s'insinuait peu à peu dans mon esprit. J'attribuais tout naturellement l'insuccès de nos efforts aux procédés de chasse suivis par les Arabes, à la mauvaise chance, et aux difficultés du terrain. En France, dans les grands équipages de chasse à courre, tout est organisé avec un soin extrême, on ne va pas à l'aventure comme en Afrique. Les piqueurs font le bois dès la pointe du jour, grâce aux traces que les pieds des sangliers laissent sur le sol des avenues et chemins qui divisent en fractions plus ou moins grandes les forêts qui les abritent; ils déterminent les enceintes choisies par eux pour y passer le jour; ils savent leur nombre et jusqu'à leur poids. Aussi, quand arrive le maître d'équipage, chaque piqueur lui fait successivement le rapport de ce qu'il a vu et observé. On discute comme en conseil de guerre les diverses chances de succès, et l'on se porte vers l'endroit qui en réunit le plus grand nombre. Si l'on a connaissance d'un vieux solitaire, toute hésitation cesse: c'est lui qu'on attaquera. D'abord, plus l'animal

est fort et vigoureux, plus est grand le mérite de
le porter bas. On sait, en outre, que les chiens
concentreront sur lui leurs efforts sans se divi-
ser, ce qui a lieu quelquefois quand les animaux sont réunis en compagnie. Deux vieux
chiens d'attaque commencent par rapprocher
le sanglier. Aussitôt qu'on le juge sur pied, on
découple la meute, maintenue à portée; ses
aboiements retentissent dans les grands bois,
ainsi que le son du cor, annonçant la vue ou le
bien-aller. Piqueurs et cavaliers s'élancent à la
suite des chiens. Au milieu d'une course rapide,
d'un galop effréné, on s'arrête, on écoute, on
repart de plus belle aussitôt qu'un bruit, souvent presque imperceptible, indique la direction
de la chasse. Si le sanglier débouche et prend
la plaine, s'il est serré de près, le coup d'œil
est ravissant, l'animation extrême. On distingue
au loin une boule noire qui roule rapidement
à travers les guérets ou les champs labourés;
les chiens, semblables à des taches blanches,
s'acharnent à la poursuite; les plus vaillants
sont en tète, quelques traînards suivent à distance. Les chevaux ont l'air d'être là pour leur
propre plaisir; ils franchissent les haies ou les

fossés qu'ils rencontrent sans ralentir leur galop. Le chasseur est dans une sorte d'ivresse,
qu'il doit savoir contenir, car, à ces grandes
allures, il a besoin de tout son sang-froid et de
toute sa présence d'esprit. Si la chasse marche
à souhait, si le relais, placé judicieusement,
donne, au moment voulu, une impulsion nouvelle à l'ardeur de la poursuite, le sanglier,
malgré ses ruses et sa vigueur, sent ses forces
l'abandonner et s'arrête. Il est vaincu, mais
non terrassé. La meute l'entoure, hurle d'une
façon particulière : on en est aux abois. L'animal, attaqué de tous côtés, fait tête vaillamment; avec ses rudes défenses il blesse, éventre
ou tue les chiens les plus intrépides. Souvent,
après avoir repris haleine, il part de nouveau,
s'arrête encore. La lutte recommence, plus
terrible, plus acharnée que jamais. Les piqueurs,
les chasseurs, ont mis pied à terre, ils sont sous
bois au milieu de la meute. Alors, comme dans
les courses de taureaux au moment suprême,
l'un d'eux s'approche armé d'un glaive et sert
le sanglier. Frappé au cœur, il s'affaisse sur
lui-même; il est mort. On le tire du hallier, on
procède à la curée chaude, et les chiens ne tar-

dent pas à dévorer, avec accompagnement de
joyeuses fanfares, tout ce qu'on leur abandonne
de l'animal.

La meute et ses valets, les chevaux et leurs
cavaliers, tous plus ou moins éreintés, repren-
nent avec plaisir le chemin du logis. Chargé sur
un mulet richement harnaché, le sanglier a sa
place dans le cortége : c'est le trophée de la
journée.

Je ne trace ici qu'une esquisse rapide des
souvenirs qui me servaient à animer les mornes
et silencieuses solitudes où j'aurais pu me croire
oublié sans Hadji Aly, posté non loin de moi.
Baba Bram me rejoignit enfin. Nous allàmes
au pied d'un gros caroubier dont les branches
noueuses descendaient presque jusqu'à terre.
Cet arbre ressemblait à un géant au milieu des
broussailles qui l'entouraient. Il servit de point
de ralliement à quelques hommes qui vinrent
nous y retrouver. « Pas de chance jusqu'à pré-
sent, » dis-je au vieux chasseur. « C'est vrai,
reprit-il, mais nous avons encore du temps devant nous, et la fin de la journée compensera le
commencement. » Il savait mieux que personne
qu'à la chasse il ne faut jamais désespérer.

L'événement faillit donner raison sur l'heure
même à sa foi robuste. Un Arabe vint en effet
nous annoncer qu'on était parvenu à mettre
sur pied quatre sangliers. Baba Bram, aussitôt
en selle, part dans la direction qui lui est indiquée; j'en fais autant, et bientôt j'aperçois la
compagnie, elle défile dans la plaine qui s'étend
à mes pieds, car je suis resté sur les hauteurs
qui la dominent. De là j'observe les allures de
ces animaux, leurs hésitations devant le danger
qui les menace. Ils ont l'oreille fine et l'odorat
subtil, ils s'arrêtent, écoutent, hument l'air,
partent dans la direction qui leur semble la
plus sûre. Ils passent, malgré ces précautions,
à bonne portée de fusil de quelques tireurs, qui
leur envoient plusieurs balles sans les atteindre.
La compagnie se disperse. Deux sangliers disparaissent sans qu'on sache ce qu'ils sont devenus; les deux autres, serrés de près d'abord,
gagnent un fourré de lauriers-roses tellement
épais, que les chiens, fort médiocres du reste,
à l'exception d'un seul, cessent de les poursuivre. J'avais vu enfin des sangliers d'Afrique!
Se contenter de peu, même lorsqu'on a es-
péré beaucoup, est un acte de sagesse que je

m'efforçai de mettre en pratique sans y parvenir entièrement. Tous mes raisonnements échouaient devant la différence qu'il y a entre voir et avoir.

Le déjeuner nous attendait loin du lieu où nous avait entraînés la chasse ; on se mit en route pour aller le trouver. En passant près d'un douar composé de deux ou trois pauvres tentes on m'offrit du lait caillé qui me parut une des meilleures choses que j'eusse jamais goûtées. Il est vrai qu'il était deux heures, et que, sauf une tasse de café noir et un petit fragment de gâteau recouvert d'une feuille d'or, suivant la mode du pays, je n'avais rien pris de toute la journée.

On fit halte enfin, en plein soleil, au milieu de ruines informes, mais d'origine romaine, ce qui était révélé par la grandeur des matériaux. Là les poulets, les quartiers de moutons et autres provisions envoyées par le kalifat de Soliman apaisèrent les robustes appétits des trente-cinq à quarante personnes réunies à cette occasion. Les chevaux, mulets et ânes eurent la liberté de brouter l'herbe des champs, et ils en profitèrent.

Baba Bram fut rejoint par un de ses serviteurs qui lui amena un excellent chien d'attaque et un lévrier non moins beau que celui
qui avait amené la tragique aventure de sa jeunesse. Il rendit à ses fidèles amis les caresses
qu'ils lui prodiguèrent en le voyant. Ce renfort
inattendu m'inspira une confiance nouvelle
augmentée encore par l'assurance qui nous fut
donnée qu'un sanglier avait été vu à l'endroit
où nous nous rendions.

Le menu gibier est répandu à peu près partout dans la Tunisie. Aussi, pour profiter de
celui qui devait se trouver sur notre route, nos
Arabes se déploient en un large front de tirail-
leurs; mais ils font peu de victimes parmi les
perdrix et tourterelles qui s'envolent devant
eux. Ils lèvent également quelques lièvres. Le
lévrier de baba Bram en aperçoit un et bondit
après lui. Le vieux chasseur, pour mieux ap-
puyer son chien, part à sa suite, franchissant
au galop les buissons qu'il rencontre.

L'exemple est contagieux : j'enlève aussi
mon cheval; la poursuite est ardente pendant
quelques instants; mais le lièvre gagne des
broussailles, se dérobe, grâce aux nombreux

obstacles qui arrêtent l'élan du lévrier, et nous retournons vers nos compagnons en reprenant une allure plus calme, après nous être abandonnés à cette entraînante *fantasia.*

Arrivés sur les berges peu élevées du ravin que nous devons fouiller, les tireurs enveloppent, en formant le cercle, un large îlot de broussailles, de joncs et de roseaux, bordé de terrains vagues et de flaques d'eau plus ou moins stagnante.

Ces dispositions prises, les rabatteurs commencent leur sabbat. Bientôt les chiens donnent de la voix à pleine gorge. Le sanglier est sur pied. Il paraît dans les clairières, disparaît au milieu des buissons, essuie quelques coups de feu. Je lui envoie pour ma part deux balles sans espoir de l'arrêter, car je le tire par derrière : il continue en effet sa course ; il semble vouloir prendre la plaine, mais il est rejeté vers le fourré. Là il est de nouveau tiré à bout portant par un Arabe qu'il charge et renverse à terre. Atteint cependant par ce dernier coup de feu, affaibli par ses précédentes blessures, son allure devient incertaine ; il s'arrête enfin. Acculé contre une cépée, il fait tête aux chiens, dont la rage est surexcitée par les Arabes qui arrivent de tous côtés. Aboiements et cris se mêlent aux grognements de l'animal, qui tient bon et lutte encore.

Le soleil sur son déclin colore de sa chaude lumière tous ces blancs vêtements qui s'agitent, tous ces visages basanés qui se contractent ou s'épanouissent.

Baba Bram, dont l'ardeur prudente et contenue suit toutes les oscillations de ce groupe mouvant, prend son temps et saisit adroitement le sanglier par un pied de derrière. Tandis qu'il est maintenu sous cette vigoureuse étreinte, le nègre aux babouches neuves parvient à lui lier le bout du grouin avec une corde. Ainsi garrotté, on le tire à grand'peine hors du hallier à travers les broussailles, la boue, les flaques d'eau dans lesquelles on enfonce jusqu'au-dessus du genou, et on le dépose à découvert sur la berge. Il proteste par ses sourds grognements de son impuissance contre les morsures des chiens. Enfin, pour abréger son agonie, on m'arme d'un long coutelas. J'aurais volontiers décliné cette besogne.

S'il y a un certain courage à s'approcher le

fer à la main d'un animal qui, bien qu'épuisé,
est encore redoutable, celui qui gisait à mes
pieds était absolument hors d'état de se dé-
fendre. Mais je ne pouvais refuser la marque de
déférence dont j'étais l'objet ; je le servis, en le
frappant au cœur, comme je l'avais vu faire en
France au comte d'Osmond, alors que le sanglier, encore debout, faisait vaillamment tête
aux chiens.

Je commettais sciemment ainsi une déroga-
tion à l'usage musulman, qui veut que, con-
formément à certains préceptes religieux, on
tranche le cou à toute pièce de gibier dont on
s'empare.

Le tact dans nos rapports avec les hommes est une sorte d'improvisation, puisque
c'est un acte spontané accompli sans que nous
ayons le temps de la réflexion. J'en avais manqué dans cette circonstance vis-à-vis des Arabes, ce que je reconnus aisément à l'expression
de leurs visages.

Le nuage qui les assombrit se dissipa sans
peine en leur distribuant tout ce qui nous restait de poudre et de tabac au moment où l'on
agitait la question d'attaquer un autre sanglier

dont on nous signala la présence non loin du lieu où nous étions.

L'heure trop avancée nous obligea à renoncer à cette entreprise.

Du reste, le succès qui terminait la journée était trop complet pour laisser dans mon esprit l'ombre d'un regret.

Le sanglier du nord de l'Afrique est plus petit que celui de France. Il n'a pas sa vigueur ni son air fier et rébarbatif; son groin, plus allongé, est rarement armé de défenses aussi longues et aussi tranchantes. Il est sans contredit moins dangereux à chasser. Malgré cela il ne faut pas toujours se fier à ces caractères généraux; car on rencontre aussi de vieux solitaires qui ont souvent fait des victimes parmi ceux qui les attaquaient.

Avant de reprendre la direction de Soliman, les Arabes qui nous avaient prêté leur concours reçurent la récompense de leurs peines. Ceux dont les douars étaient voisins nous firent, avant de s'éloigner, leurs adieux, accompagnés de leurs souhaits de future prospérité.

Notre escorte s'égrena successivement le long de la route, et en rentrant au village il ne

restait près de nous que les seuls habitants de
Soliman.

Partis à cinq heures du matin, nous descen-
dions de cheval devant notre logis à sept heures
et demie du soir.

La chasse au sanglier dans le nord de l'Afrique se fait de la manière que je viens d'indiquer.
Le nombre des rabatteurs, des chiens et des
chasseurs, varie naturellement avec l'importance du personnage qui préside à ce noble divertissement. Plus son rang est élevé, plus on
met de monde sur pied, plus les burnous sont
blancs, plus les chevaux sont beaux, plus les
selles et les brides sont richement ornées de
broderies et de dorures.

La vanité peut avoir sa part dans une pareille mise en scène, mais il faut aussi faire
celle de certaines aspirations artistiques que
bien des hommes éprouvent sans se rendre
compte de la nature de ce sentiment.

Les chasseurs qui mettent uniquement leur
plaisir à tuer beaucoup de gibier atteignent
souvent leur but tout en dédaignant le bruit et
l'éclat.

On m'a parlé à Tunis de deux Anglais ap-

partenant à cette dernière école. Ils s'étaient
installés durant quelques semaines non loin de
Soliman avec leurs tentes, leurs objets de campement, des chiens et des serviteurs, en un mot
dans des conditions analogues à celles où nous
nous sommes souvent placés dans les hautes régions des Pyrénées pour y poursuivre l'isard.

On leur avait en vain représenté les dangers
auxquels ils s'exposaient en séjournant ainsi
sans protection au milieu d'une population
hostile aux Européens. Ils savaient sans doute,
comme j'ai déjà eu bien des fois l'occasion de le
constater moi-même pendant mes voyages, que
ces dangers existent surtout dans l'imagination
des gens que tout effraye en dehors du milieu
où ils vivent habituellement. Ils comptaient sans
doute aussi sur la protection très-efficace dont
le gouvernement anglais entoure ses sujets dans
les pays étrangers. Le fait est qu'ils ne furent
molestés d'aucune façon et qu'ils tuèrent beaucoup de sangliers.

De retour à Tunis, baba Bram voulut m'em-
mener chasser avec lui dans d'autres districts
très-giboyeux de la Régence.

L'amitié qu'il me témoignait tenait sans doute

à la manière sincèrement élogieuse dont je lui parlai de ses compatriotes, car j'aime à me rappeler que les Turcs ont toujours été très-hospitaliers pour moi durant mes divers séjours parmi eux.

Je ne pus profiter de ses bienveillantes dispositions à mon égard, mais je considère comme une bonne fortune la rencontre d'un type aussi étrange; il ne fallait peut-être pas, du reste, en abuser pour penser toujours avec un vrai plaisir, ainsi que je le fais, au vieux chasseur Baba Bram.

# TABLE

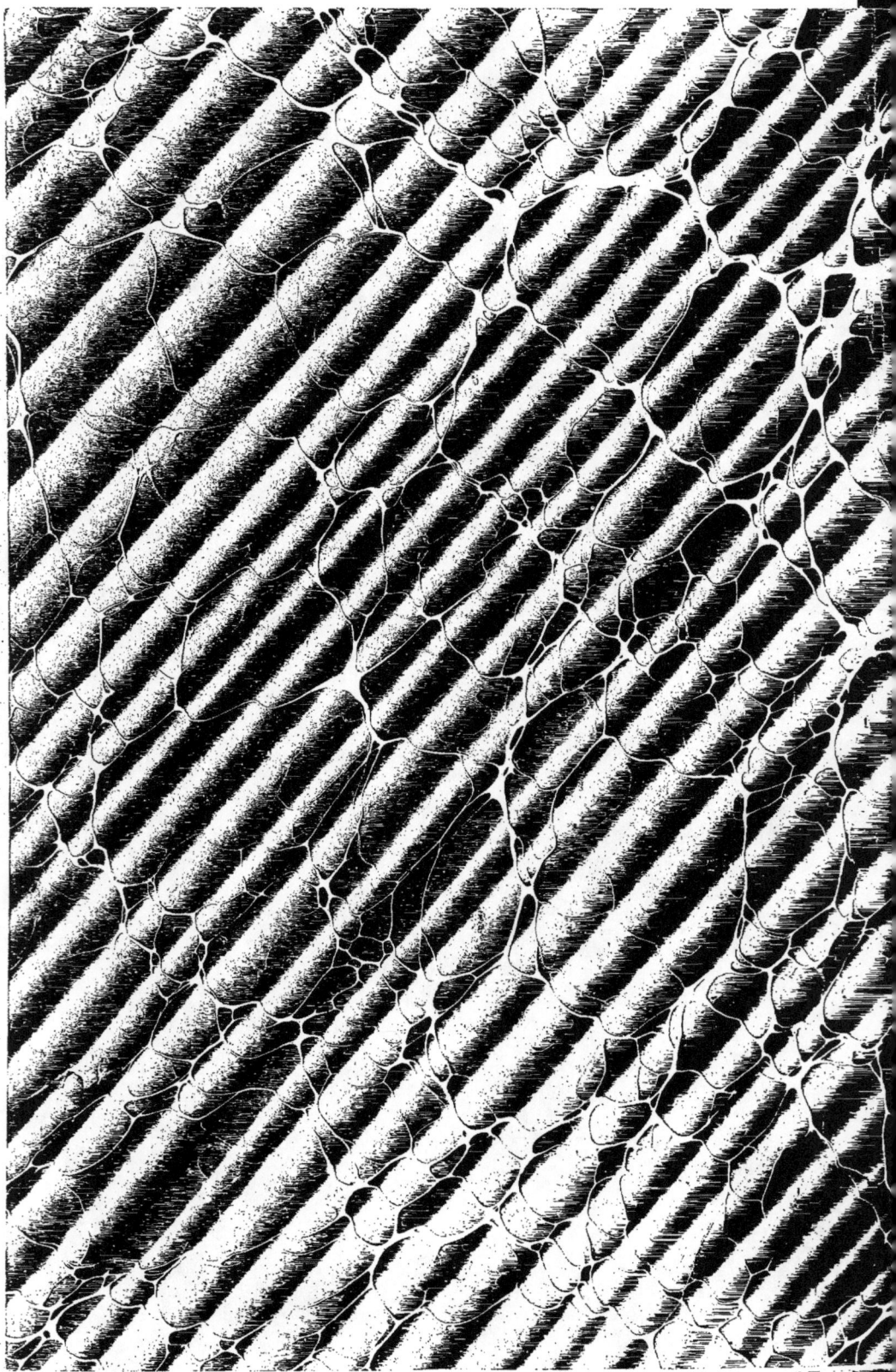

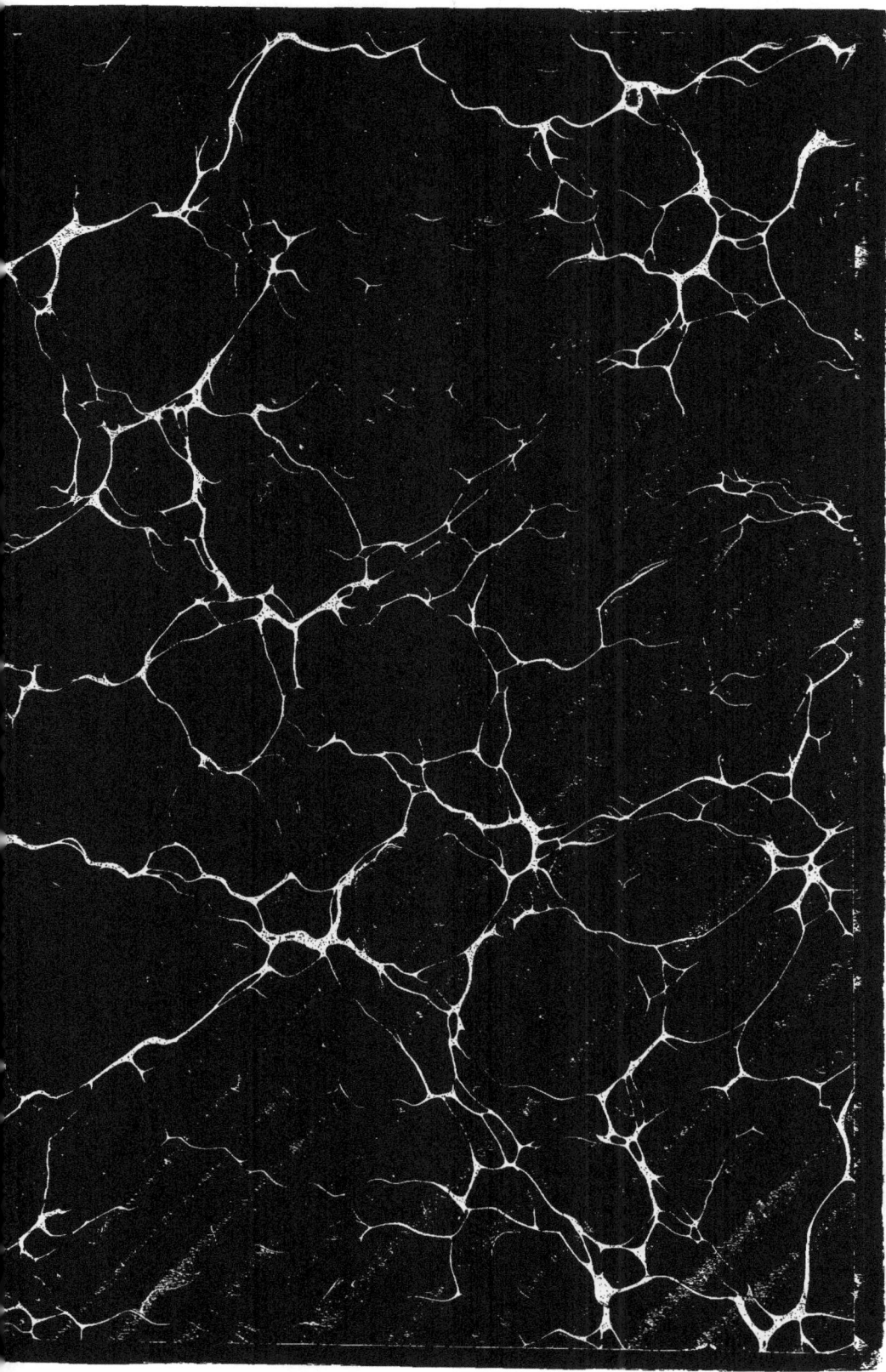

www.ingramcontent.com/pod-product-compliance
Lightning Source LLC
Chambersburg PA
CBHW060529210326

41519CB00014B/3184